DARIO BEDNARSKI

MATHE FÜR ANTI MATHEMATIKER

Mittelstufe 8. – 10. Klasse

ALGEBRA

DARIO BEDNARSKI

MATHE FÜR ANTI MATHEMATIKER

Mittelstufe 8. – 10. Klasse

ALGEBRA

riva

Bibliografische Information der Deutschen Nationalbibliothek
Die Deutsche Nationalbibliothek verzeichnet diese Publikation in der Deutschen Nationalbibliografie. Detaillierte bibliografische Daten sind im Internet über http://dnb.d-nb.de abrufbar.

Für Fragen und Anregungen
info@rivaverlag.de

Originalausgabe
1. Auflage 2019

Nymphenburger Straße 86
D-80636 München
Tel.: 089 651285-0
Fax: 089 652096

Umschlagabbildungen: istock.com/Gile68, shutterstock.com/frankie's, bigstockphoto.com/Ivelin Radkov
Druck: Florjancic Tisk d.o.o., Slowenien
Printed in the EU

ISBN Print 978-3-7423-1281-5

Weitere Informationen zum Verlag finden Sie unter

www.rivaverlag.de

Beachten Sie auch unsere weiteren Verlage unter www.m-vg.de

Danksagung

Ich danke dir! Danke für dein Vertrauen, dass du das Buch gekauft hast und danke für deine Motivation, dass du das Buch aufgeschlagen hast. Ich danke ganz besonders auch allen Lesern und Käufern meines ersten Buches „Mathe für Antimathematiker – Analysis", vor allem denen, die mein Buch auf Amazon bewertet haben und es weiterempfohlen haben.

Durch den großartigen Erfolg des ersten Buches konnte ich dieses zweite Buch schreiben und hoffe, dass dieses Buch mindestens genausovielen Menschen die Furcht vor der Mathematik wegnimmt und gleichzeitig das Verständnis der Mathematik näher bringt.

Ich möchte Freunden und der Familie für Mut und Unterstützung danken, wobei ich meinen großen Bruder Philip Bednarski besonders hervorheben möchte, der mir vor allem beim Korrekturlesen und beim Feinschliff des Buches geholfen hat.

INHALTSVERZEICHNIS

VORWORT

...blabla...............................bla.........bla........................bla................bla........bla...
..bla............bla.............blabla......... bla.........bla......................blabla...bla..........
...............blabla....... bla.........bla.....................blabla...bla.......blabla....bla........
...............blabla.........................blablablabla......... ..blabla.. ..blabla.. ..blabla.....
.....bla..........[diesen].............blabla...........bla...........blabla....blabla...........bla...
..............blabla.........................bla..bla....................bla...bla..........................bla...
....[Scheiß]..................bla.........blabla.......bla...........blabla...................blablaaa.
bla.....bla........blablablabla.....................blaaaaablaaabla..........bla.....................
blabla...bla.............blabla......bla...bla...................bla..............blabla......
...............blabla.......................blabla................................blabla.........blablabla.
......bla......blabla.......bla..............blablabla....................blabla...bla............bla...
...blabla......blabla..............................[liest].............blabla......bla......blabla.......
...........blabla.....................................blabla..............blablabla......................bla..
..blabla.........blablabla..[sich].......blabla.........blablabla...............bla.....bla...
bla..........bla.....................blabla...bla.......bla.......bla.bla.........blabla...........
...............blabla.......blabla...............bla.........bla.......bla....blabla.......bla........
...........bla......................................blablabla........blablabla..........bla...................
..blabla...bla............blaaaaaahaha........blahahahaha........blablabla............
...............blabla.............bla..........blablablabla..........blabla.......blablabla.........
..blabla....................[eh]blablablabla..........bla......................blabla...bla.......bla...
...............blabla.....................................blablabl.[keiner]blabla.......bla.........bla...
.................bla...........blabla.............blablabla............
bla..................blablabla...[durch]blablabla.........bla.
.......blablablabla......blablabla.............bla.........bla...
....blabla.

Hochachtungsvoll,
Dario Bednarski

Wichtige Anmerkungen

Eine Sache ist mir besonders wichtig. Ich gehe davon aus, dass du jemand bist, der Mathe gar nicht leiden kann. Vielleicht hast du sogar einen regelrechten Hass auf dieses Fach/Thema und willst damit am liebsten gar nichts zu tun haben. Ich habe viele solcher Schüler/innen kennengelernt und kann dir sagen: Ich verstehe dich! In anderen Fächern ging es mir nämlich ähnlich.

Ich kann dir aber auch sagen, dass der Grund für deine Abneigung zur Mathematik dein *noch* fehlendes Verständnis dafür ist. Würdest du sie verstehen, dann würdest du sie mögen. Denn mit Verständnis hast du Erfolg und Erfolg macht Spaß.

Warum fehlt dir nun dieses Verständnis? Ich glaube <u>nicht</u>, dass dir dafür das Talent fehlt oder du es nicht verstehen kannst. Vielmehr wolltest du es bisher nicht verstehen, weil du vielleicht dachtest, dass Mathe uncool ist, nur etwas für Streber ist oder es hat dir bisher niemand so beigebracht, wie es für dich verständlich ist. Ich glaube an dich!

Jetzt stelle dir vor, du würdest dieses Buch mit dieser Abneigung zur Mathematik lesen und dir die ganze Zeit denken: „Schön, dass ich dieses Buch hier lese, Mathe ist trotzdem scheiße und ich werde es sowieso nie verstehen.“ Mit sehr hoher Wahrscheinlichkeit wird es dann genauso eintreffen. Du wirst Mathe immer noch blöd finden und nicht viel schlauer sein als vor dem Lesen des Buches. Deswegen spar dir bitte die Zeit dieses Buch mit dieser Einstellung zu lesen. Das wird nicht viel bringen.

Entscheide dich jetzt bewusst, Mathe verstehen zu wollen. Egal wie bescheuert das klingen oder aussehen mag, aber geh bitte kurz in dich und sag dir selbst: „Ich will Mathe verstehen!“

Hast du das getan? Wenn nicht, dann tu es jetzt! Das ist wirklich wichtig!

Ok, herzlichen Glückwunsch. Das war wahrscheinlich ein revolutionärer Schritt für dich und der Anfang eines einfachen Verständnisses der Mathematik. Legen wir nun mit dem Willen Mathe verstehen zu wollen los.

Absolute Basics

Klären wir doch hier am Anfang kurz ein paar grundlegende Dinge:

Begriffe der Grundrechenarten

Addition bzw. „Plusrechnen"

Die **Addition** ist das „Plusrechnen". Du zählst **Summanden** zusammen und erhältst als Ergebnis eine **Summe**. Das Verb lautet **„addieren"**.

$$Summand + Summand = Summe$$

Beispiel: $5 + 2 = 7$

Subtraktion bzw. „Minusrechnen"

Die **Subtraktion** ist das „Minusrechnen". Du ziehst vom **Minuend** den **Subtrahenden** ab und erhältst als Ergebnis die **Differenz**. Das Verb lautet **„subtrahieren"**.

$$Minuend - Subtrahend = Differenz$$

Beispiel: $7 - 2 = 5$

Multiplikation bzw. „Malrechnen"

Die **Multiplikation** ist das „Malrechnen". Du nimmst zwei (oder mehr) **Faktoren** miteinander mal und erhältst als Ergebnis das **Produkt**. Das Verb lautet **„multiplizieren"**.

$$Faktor \cdot Faktor = Produkt$$

Beispiel: $7 \cdot 2 = 14$

Division bzw. „geteilt rechnen“

Die **Division** ist das „geteilt rechnen“. Du teilst den **Dividenden** durch den **Divisor** und erhältst als Ergebnis den **Quotienten**. Das Verb lautet „**dividieren**“.

$$Dividend : Divisor = Quotient$$

Beispiel: $14 \div 2 = 7$

Allgemeines: Operator und Operand

Lass dich nicht von diesen weiteren Fachbegriffen abschrecken – denn bisher kamen Operator und Operand bereits vor.

- der **Operator** ist (einfach gesagt) das Rechenzeichen, also „plus“, „minus“, „mal“ oder „geteilt“ und
- der **Operand** ist die Zahl vor bzw. nach dem Operator.

Schauen wir uns nochmal die Addition an. Hier heißen die Operanden „Summand“ und der Operator ist das „Pluszeichen“. Bei einer Subtraktion hingegen heißen die Operanden Minuend und Subtrahend und der Operator ist das Minuszeichen. Was denkst du, wie der Operator und die Operanden bei einer Multiplikation bzw. bei einer Division heißen? Denk mal drüber nach ☺. Eselsbrücke: Das Tor steht in der Mitte.

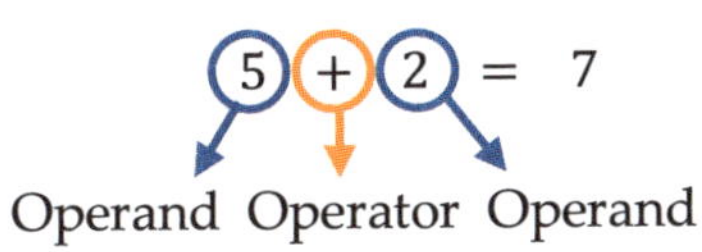

Zusammenfassung (Begriffe der Grundrechenarten)

- Addition (Plusrechnen): $Summand + Summand = Summe$
- Subtraktion (Minusrechnen): $Minuent - Subtrahend = Differenz$
- Multiplikation (Malrechnen): $Faktor \cdot \text{Faktor} = \text{Produkt}$
- Division (geteilt rechnen): $Dividend : Divisor = Quotient$
- Operator ist das Rechenzeichen
- Operand entspricht der Zahl vor und nach dem Operator

Der Betrag

Das ist super einfach! Der Betrag ist nämlich der **Abstand zur 0**. Da ein Abstand nur positiv sein kann, ist auch der Betrag einer Zahl immer positiv.

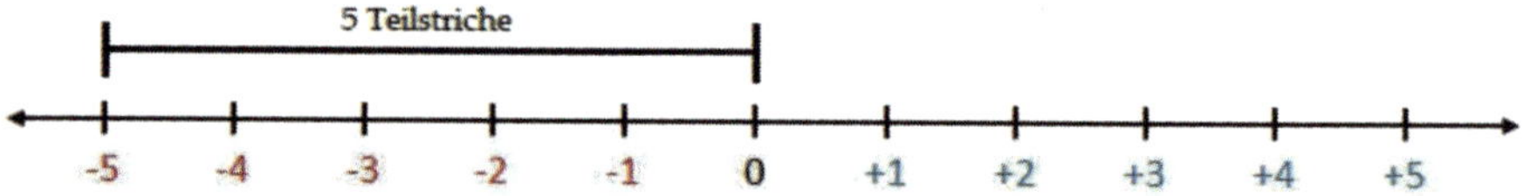

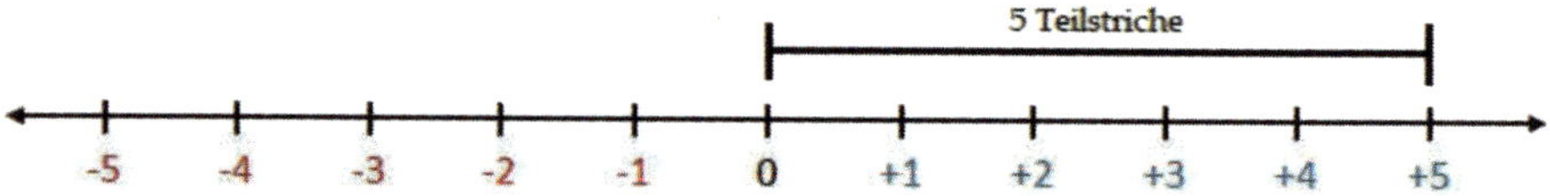

Der Betrag wird mit jeweils einem senkrechten Strich auf der linken und auf der rechten Seite geschrieben, z.B. $|-5|$, und so ausgesprochen: „Betrag von minus fünf". Und was ist der Betrag von -5? Genau, einfach nur 5, also ohne das Minus. Und der Betrag von 5 ist wieder 5, bleibt also gleich.

$$|-5| = 5$$
$$|5| = 5$$

Brüche und Dezimalzahlen – eine Welt

Was ergibt eigentlich $13 - \frac{2}{3} = ?$ Kannst du es sofort und schnell im Kopf berechnen? Wenn nicht, dann kann es gut sein, dass du „die Welt der Brüche" und „die Welt der Dezimalzahlen" als zwei verschiedene Welten ansiehst. Das ist falsch. Beides ist dasselbe, nur anders dargestellt. So kann zum Beispiel die Zahl 0,75 auch als $\frac{3}{4}$ angegeben werden. Es ist nur eine andere Ausdrucksweise für ein und dieselbe Zahl.

Es ist sehr wichtig, dass du von deinem Verständnis her <u>nicht</u> „einmal in Brüchen" und „einmal in Dezimalzahlen" denkst. Ich habe ein paar

Aufgaben für dich auf Seite 107 vorbereitet, die dir das ganze nochmal verständlich machen sollen. Und nur so nebenbei ... $13 - \frac{2}{3}$ ist übrigens $12\frac{1}{3}$.

Ein paar Umformungen zwischen Brüchen und Dezimalzahlen solltest du immmer aus dem Ärmel schütteln können. Lerne diese auswendig und du wirst viele Aufgaben schneller berechnen als alle anderen.

$\frac{1}{2} = 0{,}5 = 50\%$	$\frac{1}{5} = 0{,}2 = 20\%$	$\frac{1}{8} = 0{,}125 = 12{,}5\%$
$\frac{1}{3} = 0,\overline{3} = 33,\overline{3}\%$	$\frac{1}{6} = 0{,}1\overline{6} = 16,\overline{6}\%$	$\frac{1}{9} = 0,\overline{1} = 11,\overline{1}\%$
$\frac{1}{4} = 0{,}25 = 25\%$	$\frac{1}{7} \approx 0{,}14 \approx 14\%$	$\frac{1}{10} = 0{,}1 = 10\%$

Variablen

Ok ... ich weiß, vielen wird schlecht, wenn Sie das Wort „Variablen" nur hören. Wie ist das bei dir? ;) Was löst dieses Wort in dir aus? Die meisten „Antimathematiker" verbinden mit Variablen zumindest nichts Positives. Hohle einmal tief Luft, denn das werden wir jetzt ändern!

Was ist das?

Eine Variable ist sozusagen ein Platzhalter. Und dieser Platzhalter ist – wer hätte es gedacht?! – „variabel". Das bedeutet „veränderbar" bzw. „nicht auf eine Möglichkeit beschränkt". Er könnte also mal den einen Wert haben und mal den anderen. Für einen Platzhalter könnten theoretisch verschiedene Zahlen eingesetzt werden. Da wir aber von Anfang an nicht genau wissen, welche Zahlen eingesetzt werden sollen oder es mehrere Möglichkeiten gibt, schreiben wir eben eine Variable hin, anstatt konkrete Zahlen.

Ein Beispiel: Du willst mit 2 Freunden ins Kino und euch stehen mehrere Kinos zur Auswahl, bei denen der Preis pro Ticket jeweils unterschiedlich ist. Wie berechnest du die Kosten für den Abend?

An sich eine total einfache Aufgabe. Du musst nur 3-mal (weil ihr zu dritt seid) den jeweiligen Ticketpreis nehmen. Um das vereinfacht hinzuschreiben, kannst du sagen:

$$Kosten = 3 \cdot Ticketpreis$$

Logisch, oder? Und dann ist es in der Mathematik auch noch so, dass eine Variable nur aus einem Buchstaben besteht und nicht aus einem ganzen Wort (Mathematiker sind schreibfaul! ☺). Also nehmen wir halt nur einen Buchstaben:

$$k = 3 \cdot p$$

Zusammenfassen von Termen

Das Zusammenfassen von Termen ist super praktisch. Es erleichtert dir schwierige Aufgaben schneller zu berechnen.

Im Endeffekt darfst du nie vergessen, dass für eine Variable eine Zahl eingesetzt werden könnte. Wenn du also einen Term zusammenfasst, wie zum Beispiel $3x + 2x$, dann ist das Ergebnis $5x$.

$3x + 2x = 5x$

Das könnten wir jetzt kontrollieren, indem wir eine beliebige Zahl für x einsetzen. Nehmen wir doch mal die Zahl 2.

$3x + 2x = 5x$ $\quad | \; x = 2$ → das bedeutet, wir setzen für x eine 2 ein
$3 \cdot 2 + 2 \cdot 2 = 5 \cdot 2$
$6 + 4 = 10$
$10 = 10$

Die letzte Zeile $10 = 10$ sagt dir, dass es richtig ist, weil 10 eben gleich 10 ist. Machen wir noch ein Negativbeispiel. Sagen wir $3x + 2$ sei $5x$.

$3x + 2 = 5x$ $\quad | \; x = 2$
$3 \cdot 2 + 2 = 5 \cdot 2$
$6 + 2 = 10$
$8 = 10$

Wie du weißt, ist 8 eben nicht gleich 10. Deswegen können wir auch sagen, dass $3x + 2$ nicht gleich $5x$ ist. Also können wir schonmal nicht eine Zahl mit Variable und eine Zahl ohne Variable miteinander addieren.

Eigentlich musst du beim Zusammenfassen von Termen nur zwei Dinge wissen:

1. Addieren und Subtrahieren geht nur mit gleicher Variable
2. Multiplizieren und Dividieren geht immer

Und dann gibt es noch paar „Schreibweisen“, die du verstehen solltest:

Term	Erklärung
$\boldsymbol{3 \cdot x = 3x}$	Das „Mal-Zeichen“ zwischen einer Zahl und einer Variablen kann weggelassen werden
$\boldsymbol{1x = x}$	Eins Mal eine Variable ergibt genau die Variable. Deswegen kann die Eins auch weggelassen werden
$\boldsymbol{x + x = 2x}$	Ist eigentlich nichts Besonderes. X und x ergibt eben 2x, genauso wie 3 plus 3 gleich 2 mal 3 ergibt.
$\boldsymbol{x \cdot x = x^2}$	Auch das ist nichts Besonderes.
$\boldsymbol{x \cdot y = xy}$	Genauso wie zwischen einer Zahl und einer Variablen das „Mal-Zeichen“ weggelassen werden kann, kann es auch zwischen Variablen weggelassen werden
$\boldsymbol{\frac{x}{5} = \frac{1}{5}x}$	Hiermit haben viele Schüler/innen das größte Verständnisproblem. Merk dir einfach, dass es egal ist, ob die Variable im Zähler steht oder auf der Höhe des Bruchstrichs.
$\boldsymbol{\frac{3x}{7} = \frac{3}{7}x}$	Hier gilt die selbe Erklärung wie eben, nur dass keine 1 vor dem x steht, sondern in dem Fall eine 3.

Ein paar Beispiele:

$x + x = 2x$

$7a - 3a = 4a$

$2b + 7a = 2b + 7a$ → hier kannst du nichts zusammenfassen. Manche Lehrer wollen die Variablen alphabetisch sortiert haben, dann könntest du also sagen: $2b + 7a = 7a + 2b$

$3x - 5b + 2x = -5b + 5x$ oder auch $5x - 5b$

$2 + 7t + 8 - 2t = 5t + 10$ → auch hier sehen es Lehrer meistens lieber, wenn zuerst die Zahlen mit Variable geschrieben werden und danach die ohne.

Das kannst du schon mal auf Seite 107 üben.

Zusammenfassung (Variablen)

1. Variablen sind Platzhalter, für die Zahlen eingesetzt werden können. Sie werden durch einen kleinen Buchstaben ausgedrückt.
2. Addieren und subtrahieren ist nur mit gleichen Variablen möglich,
3. aber multiplizieren und dividieren kannst du auch mit unterschiedlichen Variablen.

Distributivgesetz (=ausmultiplizieren) und ausklammern

Wichtig beim Zusammenfassen von Termen ist noch das Distributivgesetz (= ausmultiplizieren) und das Ausklammern. Beim

Distributivgesetz (bzw. Ausmultiplizieren)

wird etwas mal eine Summe/Differenz in Klammern genommen, zum Beispiel:

$$5a \cdot (4a + 7)$$

Das könntest du berechnen, indem du die $5a$ mal die $4a$ nimmst und die $5a$ mal die 7.

$$5a \cdot (4a + 7) = 5a \cdot 4a + 5a \cdot 7$$

Vergiss an dieser Stelle nicht das $a \cdot a = a^2$ ist. Und dann könntest du noch weiter zusammenfassen:

$$20a^2 + 35a$$

Das Gegenteil vom Distributivgesetz ist das

Ausklammern

Dabei klammerst du einen Teil aus einem Term aus. Sieh dir dafür mal folgendes Beispiel an:

$$12y - 6$$

Wenn du diesen Term ansiehst und dabei etwas ausklammern willst, dann musst du herausfinden, was in beiden Teilen des Terms vorkommt. Also welche Zahl oder welche Variable kann durch alle Teile des Terms **dividiert** werden? Bei diesem Beispiel könntest du die 3 ausklammern, weil du $12y$ durch 3 rechnen kannst, genauso wie -6 durch 3. Vielleicht fällt dir aber auch auf, dass du, anstatt der 3, die 6 ausklammern könntest, weil du sowohl $12y$ durch 6 teilen kannst als auch -6 durch 6. Es ist immer besser die größtmögliche Zahl auszuklammen bzw. so viel wie möglich.

Also klammerst du die 6 aus. Dafür teilst du die $12y$ durch 6 und die -6 durch 6:

$$12y : 6 = 2y$$
$$-6 : 6 = -1$$

Und damit bist du eigentlich schon fertig. Das Ergebnis muss nur noch hingeschrieben werden:

$$12y - 6 = 6(2y - 1)$$

Dann wünsche ich dir viel Spaß beim Üben auf Seite 107.

Zahlen in Variablen einsetzen

Ich habe weiter oben ja schon beschrieben, dass Variablen *variabel* sind, weil verschiedene Zahlen für eine Variable eingesetzt werden können. Wenn du also einen Term hast, zum Beispiel: $7x - 2$, dann könnte eine Aufgabe lauten: Setze die Zahl 4 für x ein und berechne das Ergebnis.

Das könntest du ja gleich mal machen:

$7x - 2 \qquad |x = 4$
$= 7 \cdot 4 - 2$
$= 28 - 2$
$= 26$
Wenn du also die Zahl 4 für x in den Term $7x - 2$ einsetzt, kommt 26 raus. So einfach ist das. Jetzt darfst du die Zahl -15 einsetzen und berechnen, was da rauskommt:

$7x - 2 \qquad |x = -15$
$= 7 \cdot (-15) - 2$
$= -105 - 2$
$= -107$
Das Ganze kannst du auch auf Seite 108 ein bisschen üben.

Mengenlehre: natürliche Zahlen und so

Manchmal werden die möglichen Zahlen, die für eine Variable eingesetzt werden können, eingegrenzt bzw. genauer definiert. Das sieht dann zum Beispiel so aus:

$$n \in \mathbb{N}$$

In diesem Fall ist die Variable n ein Element der natürlichen Zahlen. Nur was könnten denn die natürlichen Zahlen sein und welche Zahlenmengen gibt es noch? Genau das will ich dir hier erklären.

- Es fängt mit den natürlichen Zahlen (*Symbol*: $\mathbb{N}$) an. Das sind alle positiven ganzen Zahlen, also 1, 2, 3, 4, 5, …
- Die nächste Stufe sind die ganzen Zahlen (*Symbol*: $\mathbb{Z}$). Diese Zahlenmenge umfasst sowohl die natürlichen Zahlen $\mathbb{N}$, als auch die negativen, ganzen Zahlen. Also … -4, -3, -2, -1, 0, 1, 2, 3, 4, ...
- Als nächstes kommen die rationalen Zahlen (Symbol: $\mathbb{Q}$) dazu. Dass eine Zahl „rational" ist, mag zwar etwas seltsam klingen, aber das liegt daran, dass es sich um alle Zahlen handelt, die du dir noch irgendwie vorstellen kannst. Dazu gehören alle Zahlen, die du als Bruch angeben kannst. Also …$\frac{3}{4}, \frac{1}{9}$, 3,5 ….

- Als Letztes kommen die reellen Zahlen (*Symbol* $\mathbb{R}$). Da könntest du dir denken, was es noch über die rationalen Zahlen hinaus geben könnte...!? Die Antwort: Das sind unendlich lange Zahlen, wie zum Beispiel Wurzeln, Pi oder die Euler'sche Zahl e. Diese kannst du nämlich nicht als Bruch darstellen und ehrlich gesagt, kann man sie sich auch nicht vorstellen.

Im Bild siehst du, dass jeweils die nächste Menge, die Zahlen der Mengen davor mit beinhaltet.

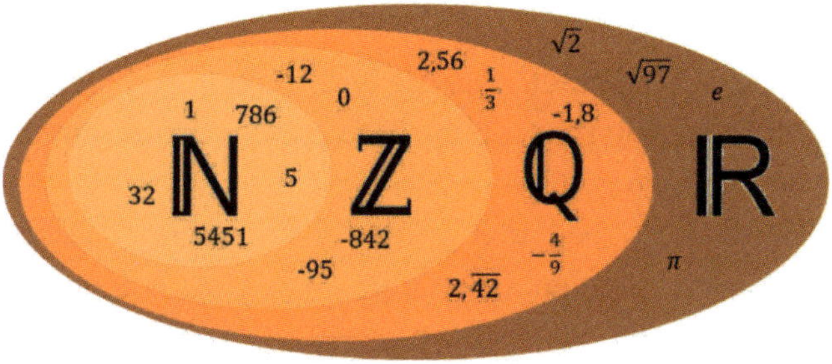

Menge von Variablen definieren: $x \in \mathbb{N}$ und so

Was (nach meinen Erfahrungen) leider nie so wirklich in der Schule erklärt wird, ist, warum manche Variablen definiert werden. Beispiele:

1. x wobei gilt $x \in \mathbb{N}$
2. $\sqrt{x}$ wobei gilt $x \in \mathbb{R}_0^+$
3. $\frac{1}{x}$ wobei gilt $x \in \mathbb{R}\backslash\{0\}$

Was könnte das bedeuten und warum steht das da überhaupt?! Fangen wir mit der Bedeutung an.

Bedeutung

1. $x \in \mathbb{N}$ heißt
   „x ist ein Element der Menge der natürlichen Zahlen"
2. $x \in \mathbb{R}_0^+$ heißt
   „x ist ein Element der Menge der positiven reellen Zahlen inklusive der Null"

3. $x \in \mathbb{R}\backslash\{0\}$ heißt
   „x ist ein Element der Menge der reellen Zahlen außer der Null“

Und noch mal im Einzelnen

- x… steht für die Variable, um die es geht
- $\in$ bedeutet „…ist Element aus…“
- $\notin$ bedeutet „…ist nicht Element aus …“
- und $\mathbb{N}$ sind die natürlichen Zahlen
- Das „+“ bei $\mathbb{R}_0^+$ bedeutet, dass nur die positiven Zahlen gemeint sind
- Die „0“ bei $\mathbb{R}_0^+$ bedeutet, dass die Null auch gemeint ist, weil es nicht genau definiert ist, ob die Null nun zu den positiven oder negativen Zahlen gehört
- Der Backslash „\“ bedeutet „außer“. Damit können Zahlen ausgeschlossen werden. Diese müssen in geschwungenen Klammern stehen.

Machen wir mit Beispiel 2 weiter: $\sqrt{x}$ wobei gilt x$\in \mathbb{R}_0^+$

Jetzt denk mal ein bisschen weiter darüber nach. Wenn x ein Element der positiven reellen Zahlen einschließlich der Null ist, was könnte x dann nicht sein?

Richtig, x könnte nicht negativ sein. Und das führt uns schon zum „Warum“.

Grund

Warum steht da $x \in \mathbb{R}_0^+$ hinter dem Term $\sqrt{x}$? Im Endeffekt steht es da, weil es sonst falsch wäre. Stell dir mal vor, da steht nur $\sqrt{x}$ und x würde nicht genauer definiert sein. Dann könntest du für x einfach alles einsetzen. Also auch eine negative Zahl und damit würdest einen mathematischen Fehler bekommen. Du kannst nämlich nicht die Wurzel aus negativen Zahlen ziehen. (Kannst es ja mit dem Taschenrechner ausprobieren.) Weil für x also aus mathematischen Gründen keine negative Zahl eingesetzt werden kann, muss x genauer definiert werden. Und deswegen steht hier, dass x nur positiv sein darf.

Der Grund, dass hier $x \in \mathbb{R}_0^+$ hinter dem Term $\sqrt{x}$ steht, ist somit ein rein *mathematischer* Grund. Nur weil die Wurzel aus negativen Zahlen nicht gezogen werden kann steht das dort. Dasselbe hast du sicher schon beim Term $\frac{1}{x}$ gesehen. Da steht dann in der Regel: $\frac{1}{x}$ für $x \in \mathbb{R}\backslash\{0\}$. Das heißt „$x$ ist Element der reellen Zahlen außer dem Element Null". Also, x darf jede Zahl sein, nur nicht Null. Auch das lässt sich mathematisch erklären, weil eben nicht durch Null geteilt werden kann. Klingt logisch, oder?

Neben den rein mathematischen Begründungen gibt es für solche Definitionsmengen einer Variable auch noch *kontextuelle* Gründe. Je nachdem in welchem Kontext eine Variable verwendet wird, muss sie genauer definiert werden.

Ein Beispiel: Du hast 5 Hamburger. Ein Mann benötigt 1,5 Hamburger um satt zu werden. Wie viele Männer m werden von den 5 Hamburgern satt? (Die Anzahl der Männer soll also mit der Variable m angegeben werden.).

Die Antwort ist leicht: Es werden 3 Männer von den 5 Hamburgern satt. Rein mathematisch würde man aber 5 durch 1,5 rechnen und würde dann $3\frac{1}{3}$ rausbekommen. Da könntest du dir die Frage stellen, wie viel Sinn es macht, dass 3 ganze Männer und ein Drittel Mann satt werden…!? „Ein Drittel Mann" macht recht wenig Sinn und deswegen könntest du die Variable m nun genauer definieren: $m \in \mathbb{N}$. Das würde bedeuten, dass m eine natürliche (= positive und ganze) Zahl ist. Und nur das macht in diesem Kontext Sinn.

Tipp

Egal, ob es nun ein mathematischer oder kontextueller Grund ist, warum die Definitionsmenge einer Variablen angegeben werden sollte: Es ist viel einfacher die Frage zu beantworten, was du NICHT für eine Variable einsetzen darfst/kannst, als die Frage zu beantworten, was du für eine Variable einsetzen kannst. Sieh dir als Beispiel die Funktion $\frac{1}{x}$ an. Anstatt herauszufinden, was du alles für x einsetzen kannst, ist es einfacher zu fragen „Was darf ich nicht für x einsetzen?“. Bei der Funktion $\frac{1}{x}$ wird durch x geteilt, also musst du dir die Frage stellen „Durch welche Zahl kann nicht geteilt werden?“. Und dabei sollte dir die Zahl 0 einfallen. Durch 0 kann nämlich nicht geteilt werden. Somit sollte die Variable x mit $x \in \mathbb{R}\backslash\{0\}$ genauer definiert werden.

Formeln sind etwas Positives

Was jemand von sich selber denkt, das bestimmt oder
vielmehr zeigt an, was sein Schicksal ist.
– Henry David Thoreau

Dieses Zitat gilt auch für die Frage, was du über Formeln denkst. Wenn du bei dem Wort „Formel“ schon Gänsehaut bekommst, dann solltest du deine Einstellung zu Formeln dringend ändern. Formeln sind nämlich etwas richtig Gutes.

Formeln hat niemand ERfunden, sondern GEfunden.

Und wenn jemand etwas GEfunden hat, dann war er offensichtlich auf der Suche danach, weil diese Formel demjenigen etwas genutzt hat.

Stell dir mal vor es gäbe die Formel zum Berechnen des Flächeninhalts eines Rechtecks ($A = a \cdot b$) nicht. Wie würdest du denn dann so einen Flächeninhalt berechnen? Das wäre so ziemlich unmöglich oder würde extrem lange dauern. Jetzt hat aber jemand die Formel zum Berechnen des Flächeninhalts eines Rechtecks gefunden und du kannst jetzt total schnell und einfach so einen Flächeninhalt berechnen – ist doch voll gut! Ohne Formel könnte man wirklich Gänsehaut bekommen, aber doch nicht mit Formel!

Deswegen schlage ich dir vor, dass du dich bei der nächsten Formel freust, dass du sie kennst, weil sie dir das Rechnen erleichtert. ;)

Basics

Gleichungen und Ungleichungen

In Mathe basiert früher oder später eigentlich alles auf Gleichungen oder Ungleichungen. In diesem Kapitel erkläre ich dir, was Gleichungen und Ungleichungen sind, rechne mit dir Beispiele durch und erläutere einige Fachbegriffe, die du in diesem Zusammenhang kennen solltest.

Lineare Gleichungen

Eine Gleichung könntest du dir als Waage vorstellen, die immer im Gleichgewicht bleiben muss. Du hast immer eine linke und eine rechte Seite. Was auch immer du mit der linken Seite machst, musst du auch mit der rechten Seite machen. Und was auch immer du mit der rechten Seite machst, musst du auch mit der linken Seite machen. Machen wir ein

Super einfaches Beispiel

$$5 + x = 9$$

Okay, ich gebe zu, dieses Beispiel ist ziemlich einfach. Die Lösung könntest du auf den ersten Blick sehen. Du könntest die Gleichung dennoch Schritt für Schritt berechnen. Du hast hier also die Variable x, für die du einen Wert berechnen willst, sodass die Gleichung „wahr" ist. Natürlich könntest du auch einfach sagen, dass x den Wert 7 habe, aber dann wäre die Gleichung nicht „wahr", sondern „falsch":

$$5 + 7 = 9 \quad | \, vereinfachen$$

$12 = 9$ → das ist falsch. 12 ist nicht gleich 9!

Also fangen wir nochmal vorne an. Wir haben die Gleichung

$$5 + x = 9$$

und wollen für x einen Wert finden, sodass die Gleichung wahr ist. Dein Ziel ist es nun, dass x alleine auf einer Seite steht (egal, ob links oder rechts) und eine Zahl auf der anderen Seite. Betrachte nun nur die Seite, auf der das x steht und überlege dir, was du auf dieser Seite dazu- oder wegrechnen musst, damit das x alleine auf der Seite stehen bleibt. Bei schwierigeren Gleichungen, könnten mehrere Rechenschritte nötig sein. Bei unserem Beispiel hier, reicht ein Schritt. Im Endeffekt, müssen wir auf der linken Seite -5 (minus fünf) rechnen, damit das x danach alleine steht.

Wie oben schon erwähnt, müssen wir alles, was wir rechnen, auf beiden Seiten rechnen. Wenn wir auf der linken Seite 5 abziehen, müssen wir die 5 auch auf der rechten Seite abziehen. Das schreiben wir so auf:

$$\begin{aligned} 5 + x \quad &= 9 \qquad\qquad |-\mathbf{5} \\ 5 + x - \mathbf{5} &= 9 - \mathbf{5} \end{aligned}$$

Du schreibst also einen senkrechten Strich hinter die Gleichung und dahinter, wie du beide Seiten verändern willst. In der nächsten Zeile schreibst du die Veränderung auf beide Seiten.

Als nächstes könntest du auf beiden Seiten vereinfachen. Das heißt, du rechnest aus, was du ausrechnen kannst.

$$5 + x - 5 = 9 - 5$$
$$0 + x = 4$$

Und die 0 könntest du natürlich noch weglassen:

$$x = 4$$

Fertig, du hast es geschafft. Herzlichen Glückwunsch! Du bist am Ende angelangt, weil nun auf der einen Seite das x ganz alleine und auf der anderen Seite eine Zahl steht.

Mit der Vorgehensweise hast du nun einen Wert für x berechnet bei dem die Gleichung wahr ist. Das könntest du nun kontrollieren, indem du den Wert, den du eben für x berechnet hast, in die Ausgangsgleichung einsetzt.

$$5 + x = 9 \qquad | \, x = 4$$

Ich hatte dir ja schon gesagt, dass wir hinter den senkrechten Strich hinschreiben, was wir mit der Gleichung machen. Wenn wir eine 4 für x einsetzen wollen, dann können wir auch das da hinschreiben.

$$\begin{aligned} 5 + 4 &= 9 \qquad | \, vereinfachen \\ 9 &= 9 \end{aligned}$$

Du siehst, 9 = 9 ist tatsächlich eine wahre Aussage.

Solche Gleichungen werden im Übrigen lineare Gleichungen genannt. Dabei handelt es sich um Gleichungen, die bei der Variable keine Hochzahl besitzen (z.B. x^2). Das super einfache Beispiel von eben war so ungefähr „Grundschul-Niveau" und sollte nur die Vorgehensweise beim Lösen einer Gleichung aufzeigen, sowie die Begriffe „wahr" und „falsch" verdeutlichen.

Nehmen wir jetzt noch ein

Normales Beispiel

$$\frac{1}{2}x + 7 = -\frac{3}{5}x - 1{,}2$$

Bei diesem Beispiel steht die Variable x sowohl auf der linken als auch auf der rechten Seite. Deswegen könntest du jetzt entscheiden, auf welcher Seite du das x stehen haben möchtest. Nehmen wir an, wir wollen das x auf der linken Seite stehen haben. Dafür musst du auf beiden Seiten $+\frac{3}{5}x$ rechnen.

$$\begin{aligned} \frac{1}{2}x + 7 &= -\frac{3}{5}x - 1{,}2 \qquad & \Big| + \boldsymbol{\frac{3}{5}x} \\ \frac{1}{2}x + \boldsymbol{\frac{3}{5}x} + 7 &= -\frac{3}{5}x + \boldsymbol{\frac{3}{5}x} - 1{,}2 \qquad & | \, vereinfachen \\ \frac{11}{10}x + 7 &= -1{,}2 \end{aligned}$$

Sauber, jetzt hast du das x schonmal nur noch auf der linken Seite. Jetzt muss nur noch alles andere auf die rechte Seite.

$$\frac{11}{10}x + 7 = -1{,}2 \qquad | -7$$

$$\frac{11}{10}x + 7 - 7 = -1{,}2 - 7$$

$$\frac{11}{10}x = -8{,}2$$

Da $\frac{11}{10}$ nun mit einem „Mal“ mit dem x „zusammenklebt“, musst du durch $\frac{11}{10}$ teilen.

$$\frac{11}{10}x = -8{,}2 \qquad | : \frac{11}{10}$$

$$x = -\frac{82}{11}$$

Durch $\frac{11}{10}$ zu teilen ist dasselbe wie mal $\frac{10}{11}$ zu rechnen (Kehrbruch und so).

Beispiele für lineare Gleichungen findest du auf Seite 108.

Quadratische Gleichungen

werden im Übrigen auch „Gleichungen 2. Grades“ genannt, was daher rührt, dass die Variable x keine höhere Hochzahl als 2 hat.

Quadratische Gleichungen können bis zu zwei Ergebnisse für x haben. Bei manchen quadratischen Gleichungen kommt für x gar kein Wert raus, bei manchen nur einer und bei manchen wiederum kommen zwei Werte für raus.

Quadratische Gleichungen sehen so aus:

- $16 = 4x^2$
- $2x + 7 = -\frac{1}{3}x^2 + 2$
- $0 = 2x^2 - 9x + 1$

Solche Gleichungen lassen sich nicht mehr nur durch plus-, minus-, mal-, geteilt-rechnen lösen, weil du x^2 und x nicht zusammenfassen kannst. (Du erinnerst dich an das Kapitel „Zusammenfassen von Termen“?) Deswegen gibt es zum Lösen einer quadratischen Gleichung eine Formel – Juhu! ;)

Genauer gesagt, gibt es sogar zwei Formeln, wobei du in der Schule wahrscheinlich nur eine davon lernen wirst. Die eine Formel heißt „Mitternachtsformel“ und ist auch unter dem Namen „ABC-Formel“ bekannt. Die andere Formel heißt „pq-Formel“.

Mitternachtsformel (ABC-Formel)

Die Mitternachtsformel geht von einer Ausgangsgleichung der folgenden Form aus:

$$0 = ax^2 + bx + c$$

Es muss also die 0 auf der einen Seite stehen und alles andere auf der anderen Seite. Die allgemeine Mitternachtsformel sieht wie folgt aus:

$$x_{1/2} = \frac{-b \pm \sqrt{b^2 - 4ac}}{2a}$$

Weil quadratische Gleichungen bis zu zwei Ergebnisse haben könnten, wird das x als $x_{1/2}$ geschrieben.

Der Term unter der Wurzel, also $b^2 - 4ac$, heißt Diskriminante D. Wenn für diesen Term eine positive Zahl rauskommt, dann gibt es zwei Lösungen, weil für x_1 somit $+\sqrt{D}$ und für x_2 somit $-\sqrt{D}$ gerechnet wird. Wenn für D die 0 rauskommt, dann gibt es nur eine Lösung, weil $+0$ dasselbe ist wie -0. Und wenn für D eine negative Zahl rauskommt, dann gibt es gar keine Lösung, weil die Wurzel aus einer negativen Zahl nicht gezogen werden kann.

Lass uns jetzt erstmal ein Beispiel durchrechnen, damit deutlich wird, was gemeint ist:

$$0{,}5\,x^2 + 0{,}5 \;=\; x^2 - x - 1$$

Im ersten Schritt müssen wir die Gleichung in die oben erwähnte Form ($0 = ax^2 + bx + c$) bringen. Dazu bringen wir alles auf eine Seite.

$$
\begin{aligned}
0{,}5\,x^2 + 0{,}5 &= x^2 - x - 1 \qquad\qquad |-0{,}5x^2 \;|-0{,}5\\
0 &= 0{,}5x^2 - x - 1{,}5
\end{aligned}
$$

Nun haben wir unsere Ausgangsform und können a, b und c ablesen:
$a = 0{,}5$; $b = -1$ und $c = -1{,}5$

Diese Werte kannst du jetzt einfach in die Mitternachtsformel einsetzen und anschließend ausrechnen.

$$x_{1/2} = \frac{-b \pm \sqrt{b^2 - 4ac}}{2a}$$

$$x_{1/2} = \frac{-(-1) \pm \sqrt{(-1)^2 - 4 \cdot 0{,}5 \cdot (-1{,}5)}}{2 \cdot 0{,}5}$$

Achte darauf, dass da als erstes „MINUS b" steht!

$$x_{1/2} = \frac{1 \pm \sqrt{1+3}}{1}$$

$$x_{1/2} = 1 \pm 2$$

Nun rechnen wir für x_1 „plus" und für x_2 „minus".

$x_1 = 1 + 2$ $\qquad$ $x_2 = 1 - 2$

$x_1 = 3$ $\qquad$ $x_2 = -1$

Für dieses Beispiel erhältst du die zwei Ergebnisse $x_1 = 3$ und $x_2 = -1$.

Zusammenfassung (Mitternachtsformel)

1. Schmeiß alles auf eine Seite, sodass $0 = ax^2 + bx + c$
2. Bestimme a, b und c
3. In die Formel einsetzen und ausrechnen
4. Der Term unter der Wurzel heißt Diskriminante. Es gilt:
    a. $D > 0$: es gibt zwei Lösungen
    b. $D = 0$: es gibt eine Lösung
    c. $D < 0$: es gibt keine Lösung

pq-Formel

Um quadratische Gleichungen zu lösen, gibt es neben der allgemeineren Miternachtsformel auch die pq-Formel. Die pq-Formel geht von einer Ausgangsgleichung der folgenden Form aus:

$$0 = x^2 + px + q$$

Es muss also die 0 auf der einen Seite stehen und alles andere auf der anderen Seite. Außerdem muss das x^2 alleine stehen. Die pq-Formel sieht wie folgt aus:

$$x_{1/2} = -\frac{p}{2} \pm \sqrt{\left(\frac{p}{2}\right)^2 - q}$$

Weil quadratische Gleichungen bis zu zwei Ergebnisse haben könnten, wird das x als $x_{1/2}$ geschrieben.

Der Term unter der Wurzel, also $\left(\frac{p}{2}\right)^2 - q$, heißt Diskriminante D. Wenn für diesen Term eine positive Zahl rauskommt, dann gibt es zwei Lösungen, weil für x_1 somit $+\sqrt{D}$ und für x_2 somit $-\sqrt{D}$ gerechnet wird. Wenn für D die 0 rauskommt, dann gibt es nur eine Lösung, weil $+0$ dasselbe ist wie -0. Und wenn für D eine negative Zahl rauskommt, dann gibt es gar keine Lösung, weil die Wurzel aus einer negativen Zahl nicht gezogen werden kann.

Lass uns jetzt erstmal ein Beispiel durchrechnen, damit deutlich wird, was gemeint ist:

$$0{,}5\,x^2 + 0{,}5 \;=\; x^2 - x - 1$$

Im ersten Schritt müssen wir die Gleichung in die oben erwähnte Form ($0 = x^2 + px + q$) bringen. Dazu bringen wir alles auf eine Seite.

$$0{,}5\,x^2 + 0{,}5 = x^2 - x - 1 \qquad | -0{,}5x^2 \quad | -0{,}5$$
$$0 = 0{,}5x^2 - x - 1{,}5$$

Für die Ausgangsform der pq-Formel muss das x^2 alleine stehen. Deswegen müssen wir die 0,5 ausklammern.

$$0 = 0{,}5x^2 - x - 1{,}5 \qquad | : 0{,}5$$
$$0 = x^2 - 2x - 3$$

Nun haben wir unsere Ausgangsform und können p und q ablesen:
$p = -2$ und $q = -3$

Diese Werte kannst du jetzt einfach in die pq-Formel einsetzen und anschließend ausrechnen.

$$x_{1/2} = -\frac{p}{2} \pm \sqrt{\left(\frac{p}{2}\right)^2 - q}$$

$$x_{1/2} = -\frac{-2}{2} \pm \sqrt{\left(\frac{-2}{2}\right)^2 - (-3)}$$

Achte darauf, dass da als erstes „MINUS $\frac{p}{2}$" und unter der Wurzel auch „MINUS q" steht!

$$x_{1/2} = 1 \pm \sqrt{1+3}$$
$$x_{1/2} = 1 \pm 2$$

Nun rechnen wir für x_1 „plus" und für x_2 „minus".

$x_1 = 1 + 2$ $\qquad$ $x_2 = 1 - 2$
$x_1 = 3$ $\qquad$ $x_2 = -1$

Für dieses Beispiel erhältst du die zwei Ergebnisse $x_1 = 3$ und $x_2 = -1$.

Zusammenfassung (pq-Formel)

1. Alles auf eine Seite schmeißen, sodass 0 =…
2. Die Zahl vor dem x^2 ausklammern, sodass x^2 alleine steht
3. Dann p und q bestimmen
4. In die Formel einsetzen und ausrechnen
5. Der Term unter der Wurzel heißt Diskriminante. Es gilt:
   a. $D > 0$: es gibt zwei Lösungen
   b. $D = 0$: es gibt eine Lösung
   c. $D < 0$: es gibt keine Lösung

Tipps zum Lösen einer quadratischen Gleichung

Du könntest mit der Miternachts- bzw. pq–Formel jede quadratische Gleichung lösen. Allerdings kannst du dir bestimmt vorstellen, dass es auch quadratische Gleichungen gibt, die du auch ohne Formel lösen kannst.

> Für die Lösung einer quadratischen Gleichung braucht man nicht immer eine Formel.

Ehrlich gesagt musst du die Miternachts- bzw. pq-Formel nur dann anwenden, wenn in der Gleichung neben dem x^2 auch ein x und eine Zahl ohne x vorhanden sind. Also nur dann, wenn du eine Gleichung hast, die nach diesem Schema aufgebaut ist: $0 = ax^2 + bx + c$

Es könnte aber auch sein, dass eine quadratische Gleichung ohne eine einfache Zahl vorkommt, also: $0 = ax^2 + bx$. Wenn dies der Fall sein sollte, dann könntest du die Gleichung lösen, indem du das x einfach ausklammerst.

Beispiel (Ausklammern)

$0 = 2x^2 - 4x$
$0 = x(2x - 4)$

Dadurch, dass wir das x ausklammern, erhalten wir ein Produkt – siehst du das? Die erste Gleichung $0 = 2x^2 - 4x$ war noch eine Subtraktion, aber jetzt steht da ein Produkt $0 = x(2x - 4)$. Das Minus ist zwar noch vorhanden, aber nur noch in der Klammer – das zählt nicht. Da wir jetzt also ein Produkt haben, gilt

> Wenn ein Faktor Null ist, dann ist das Produkt auch Null.

Zeigen wir das mal an dem Beispiel:

$$0 = \underset{1.Faktor}{x} \cdot \underset{2.Faktor}{(2x-4)}$$

Wenn jetzt der erste Faktor – also das x – Null ist, dann kommt immer Null raus! Und somit hätten wir auch schon die erste Lösung – nämlich

$x_1 = 0.$

Das könnten wir schnell prüfen:

$0 = x(2x - 4) \qquad | \, x = 0$
$0 = 0 \cdot (2 \cdot 0 - 4)$
$0 = 0 \cdot (-4)$
$0 = 0 \rightarrow$ ist wahr, also passt´s!

Und jetzt könnten wir noch ausrechnen, bei welchem x der zweite Faktor Null wird. Dafür setzen wir ihn gleich Null:

$0 = 2x - 4 \qquad | + 4$
$4 = 2x \qquad | \div 2$
$x_2 = 2$

Auch das könntest du schnell testen:

$0 = 2 \cdot (2 \cdot 2 - 4)$
$0 = 2 \cdot 0$
$0 = 0 \rightarrow$ ist wahr, passt also auch!

Dieses Beispiel könntest du auch mit der Miternachts- bzw. pq–Formel ausrechnen. Dafür müsstest du für c bzw. q eine Null einsetzen, aber in der Regel bist du mit dem Ausklammern viel schneller.

Jetzt weißt du, dass du bei $0 = ax^2 + bx + c$ immer eine Formel anwenden musst und bei $0 = ax^2 + bx$ eine Formel anwenden könntest, besser wäre es aber, das x auszuklammern.

Du kannst dir aber sicher auch vorstellen, dass es eine weitere Art von quadratischen Gleichungen gibt, nämlich $0 = ax^2 + c$. Das heißt, dass da kein einfaches x mehr in der Gleichung steht, sondern nur ein Summand mit x^2 und einer komplett ohne x. Auch diese Art von quadratischen

Gleichungen könntest du nach wie vor mit einer Formel berechnen – du könntest es aber auch etwas geschickter machen:

Beispiel (Wurzel ziehen):

$0 = 2x^2 - 8 \quad | + 8$
$8 = 2x^2 \quad | \div 2$
$4 = x^2 \quad | \pm\sqrt{}$
$x_{1/2} = \pm 2$

Das heißt, wenn eine quadratische Gleichung in der Form $0 = ax^2 + c$ gegeben ist, könntest du nach x^2 auflösen und anschließend die Wurzel ziehen. Dabei solltest du nur beachten, dass du immer „plusminus“ die Wurzel ziehst: $\pm\sqrt{}$

> Denke immer daran, dass es beim Ziehen einer Wurzel zwei Lösungen gibt: eine positive und eine negative!

Zusammenfassung (lineare und quadratische Gleichungen)

Bis jetzt kannst du lineare und quadratische Gleichungen lösen. Bei den linearen Gleichungen musst du einfach nur nach x auflösen, bei den quadratischen könnte es – je nach Zusammenstellung – mehrere Möglichkeiten geben. Zuerst sollte aber alles auf eine Seite geschmissen werden, sodass da $0 = \ldots$ steht.

Hier ist eine Übersicht, wann du welchen Lösungsansatz verwenden kannst:

$0 = x^2 + bx + c$	$0 = ax^2 + bx$	$0 = ax^2 + c$
Formel nutzen	Formel nutzen oder ausklammern	Formel nutzen oder Wurzel ziehen

Ansonsten musst du dir noch zwei Dinge unbedingt merken:

1. Wenn bei einem Produkt ein Faktor null ist, dann ist das ganze Produkt null.
2. Wenn du die Wurzel ziehst, ergibt das immer zwei Ergebnisse, ein positives (zeigt der Taschenrechner an) und ein negatives (zeigt der Taschenrechner nicht an – musst du selbst dran denken).

Beispiele um quadratische Gleichungen zu lösen, findest du auf Seite 109.

Binomische Formeln

Rechnen mit binomischen Formeln 2. Grades

Es gibt drei verschiedene binomische Formeln die du unbedingt können solltest. Du kannst dir sicher sein, dass sie im Laufe deiner Schülerkarriere immer wieder auftauchen werden. Wenn wir im Übrigen vom 2. Grad reden, dann bezieht sich das auf die Hochzahl 2.

Die 1. Binomische Formel

$$(a+b)^2 = a^2 + 2ab + b^2$$

Ist doch eigentlich ganz leicht zu merken. Sowohl das a als auch das b werden quadriert und bisschen „auseinander gezogen". In die Mitte schreibst du dann noch $+2ab$ hin und fertig.

Nun habe ich dir ja schon gesagt, dass eine Formel dir das Leben erleichtern soll und nicht erschweren. Wo ist hier also die Erleichterung?

Nunja, rechnen wir den oberen Ausdruck mal ohne Formel:

$$\begin{aligned} &(a+b)^2 && \mid \textit{Das Quadrieren als Produkt schreiben} \\ &= (a+b)(a+b) && \mid \textit{ausmultiplizieren} \\ &= a^2 + ab + ba + b^2 && \mid \textit{zusammenfassen} \\ &= a^2 + 2ab + b^2 \end{aligned}$$

Wie du siehst, müsstest du eigentlich jedes Mal die Klammern ausmultiplizieren und dann auch noch zusammenfassen. Das dauert lange und wenn du die binomische Formel kennst, dann kannst du dir das Ausmultiplizieren und Zusammenfassen sparen. ☺

Die 2. binomische Formel

$$(a-b)^2 = a^2 - 2ab + b^2$$

Ja, sieht fast genauso aus, wie die erste, korrekt? In der Klammer ist statt dem „+“ ein „−“ und vor dem $2ab$ ist auch ein „−“, aber nicht vor dem b^2. Auch hier rechnen wir einmal den umständlicheren Weg:

$$\begin{aligned}
&(a-b)^2 && |\ \textit{Das Quadrieren als Produkt schreiben}\\
&= (a-b)(a-b) && |\ \textit{ausmultiplizieren}\\
&= a^2 - ab - ba + b^2 && |\ \textit{zusammenfassen}\\
&= a^2 - 2ab + b^2 &&
\end{aligned}$$

Easy, oder?

Also haben wir die 1. binomische Formel mit einem „+“ in der Klammer und die 2. binomische Formel mit einem „−“ in der Klammer. Was denkst du, wie dann die 3. binomische Formel aussehen könnte?

Die 3. binomische Formel

$$(a+b)(a-b) = a^2 - b^2$$

Genau, bei der 3. Binomischen Formel steht einmal ein „+“ in der Klammer und einmal ein „−“. Dadurch fällt anscheinend der mittlere Summand weg und vor dem b^2 steht dieses mal ein „−“ statt einem „+“. Auch hier rechnen wir den längeren Weg vor:

$$\begin{aligned}
&(a+b)(a-b) && |\ \textit{ausmultiplizieren}\\
&= a^2 - ab + ba - b^2 && |\ \textit{zusammenfassen}\\
&= a^2 - b^2 &&
\end{aligned}$$

Du siehst, dass sich $-ab$ und $+ba$ gegenseitig aufheben und deswegen fällt der mittlere Summand weg.

Um das ganze mit Zahlen zu füllen und zu üben, könntest du die Seite 109 aufschlagen.

Rechnen mit binomischen Formeln höheren Grades (das Pascal'sche Dreieck)

Binomische Formeln von einem höheren Grad (3. Grad, 4. Grad usw.) lassen sich nicht mehr mit den eben kennengelernten Formeln berechnen. Aber bevor du jetzt die Hände über den Kopf schlägst und dich fragst: „noch mehr Formeln zum auswendig lernen?“ kann ich dich beruhigen. Mit dem Pascal'schen Dreieck kannst du die Formeln einfach ablesen. Sehen wir uns das ganze Mal an dem Beispiel $(a+b)^4$ an. Zuerst zeichnen wir das Pascal'sche Dreieck:

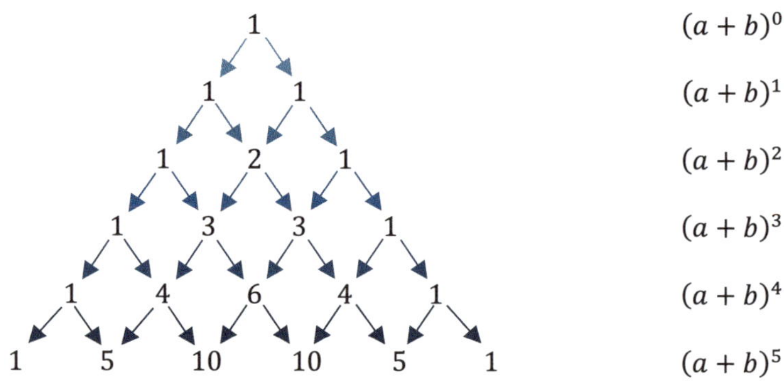

Schau dir das Pascal’sche Dreieck für ca. 15 Sekunden an und versuche Muster zu erkennen.

Was ist dir aufgefallen? Es könnte dir aufgefallen sein, dass außen immer eine 1 steht. Außerdem beginnt in der dritten Zeile die Ermittlung der Koeffizienten (das ist die Zahl vor den Buchstaben) für deine Formel eines höheren binomischen Grades. Alles, was du tun musst, ist, die Zahlen der vorigen Zeile, wie in der Abbildung dargestellt, zusammen zu zählen. Es werden immer zwei Zahlen von einer Zeile zu einer neuen Zahl in der neuen Zeile addiert. Recht simpel, oder?

Jetzt haben wir mit dem Pascal'schen Dreieck eine sehr einfache Möglichkeit die Koeffizienten einer binomischen Formel beliebigen Grades zu bestimmen. Doch was meinst du, wie sich die Hochzahlen verhalten könnten?

Bleiben wir dafür beim Beispiel $(a+b)^4$:

Die Koeffizienten kannst du beim Pascal'schen Dreieck einfach ablesen:

1 4 6 4 1

Nun schreibst du a und b jeweils außen hin und in die Mitte jeweils ab, wobei die Hochzahlen noch unklar sind, deswegen schreibe ich da ein Fragezeichen hin:

$$(a+b)^4 = 1a^? + 4a^?b^? + 6a^?b^? + 4a^?b^? + 1b^?$$

Wie könnten die Hochzahlen lauten und gibt es dafür auch ein einfaches Muster? Was denkst du?

Hier ist die Lösung:

$$(a+b)^4 = 1a^4 + 4a^3b^1 + 6a^2b^2 + 4a^1b^3 + 1b^4$$

Fällt dir auf, dass das a bei 4 beginnt und sich von Summand zu Summand um 1 verringert? Dasselbe gilt für b, mit dem Unterschied, dass b bei 0 beginnt und bis 4 aufsteigt.

Total einfach, wenn man das weiß, oder? ☺ Machen wir noch das Beispiel $(a+b)^5$. Versuch du es erstmal selbst auf einem Blatt Papier.

$$(a+b)^5 = a^5 + 5a^4b^1 + 10a^3b^2 + 10a^2b^3 + 5a^1b^4 + b^5$$

Jetzt fehlt nur noch die Lösung dafür, wie es sich verhält, wenn in der Klammer ein „–" steht und kein „+". Auch hier, gibt es wieder einfaches Muster. Findest du es?

$$(a-b)^4 = a^4 - 4a^3b + 6a^2b^2 - 4ab^3 + b^4$$

$$(a-b)^5 = a^5 - 5a^4b + 10a^3b^2 - 10a^2b^3 + 5ab^4 - b^5$$

Wenn in der Klammer ein Minus steht, dann wechseln sich die Vorzeichen zwischen Plus und Minus ab, wobei immer mit einem Plus begonnen wird.

Tipp: In Beispielen mit Zahlen (und ohne Taschenrechner), ist es oftmals leichter, wenn du:

1. das Pascal'sche Dreieck zeichnest (achte auf die Symmetrie!)
2. dir die Formel mit Buchstaben aufschreibst und dann nochmal kontrollierst
    a. Ob die Koeffizienten stimmen
    b. Ob deine Hochzahlen auf- bzw. absteigend sind
    c. Ob dein + und – abwechselnd sind, solltest du eine binomische Formel haben, in der ein Minus vorkommt.
3. Erst danach setzt du die Zahlen ein. Viele Schüler/innen verrechnen sich oft, weil man an einer binomischen Formel höheren Grades viel beachten muss.

Versuch mal das Pascal'sche Dreieck zu erweitern und die allgemeine Formel für $(a-b)^6$ herauszufinden ☺

Beispiel $(4-2)^6$

Die nächste Reihe für das Pascal'sche Dreieck lautet:

1 6 15 20 15 6 1

$(a-b)^6 = a^6 - 6a^5b + 15a^4b^2 - 20a^3b^3 + 15a^2b^4 - 6ab^5 + b^6$
$(4-2)^6 = 4^6 - 6 \cdot 4^5 \cdot 2 + 15 \cdot 4^4 \cdot 2^2 - 20 \cdot 4^3 \cdot 2^3 + 15 \cdot 4^2 \cdot 2^4 - 6 \cdot 4 \cdot 2^5 + 2^6$
$(4-2)^6 = 4096 - 12288 + 15360 - 10240 + 3840 - 768 + 64$
$(4-2)^6 = 64$

Zusammenfassung (binomische Formeln)

1. Die drei binomischen Formeln für den 2. Grad solltest du auswendig kennen.
2. Bei binomischen Formeln eines höheren Grades solltest du das Pascal'sche Dreieck zeichnen um die Koeffizienten zu ermitteln
3. Die Hochzahl von a ist abfallend, während die Hochzahl von b ansteigend ist. Die Hochzahl beginnt immer in der Höhe des Gerades deiner Formel also $(a-b)^6 = 6 ter\ Grad$ folglich ist dein erster Term a^6
4. Weist dein Beispiel ein Minus auf, wechselt sich + und – in deiner Formel ab, fängt aber immer mit + an

Ungleichungen

Machen wir es kurz, weil es wirklich total simpel ist:

Ungleichungen werden mit nur einer Ausnahme ganz genauso gerechnet wie Gleichungen: Wenn **mal oder geteilt** durch eine **negative Zahl** gerechnet wird, dreht sich das Größer- bzw. Kleinerzeichen um.

Beispiel:

$$5x - 6 > 2x \qquad | - 5x$$
$$-6 > -3x \qquad | : (-3)$$

Jetzt ist es soweit! Hier wird „**geteilt durch minus 3**“ gerechnet und deswegen dreht sich das Größer- bzw. Kleinerzeichen um!

$$2 < x$$

Die Angabe der Lösungsmenge sieht bei Ungleichungen ebenso etwas anders aus. Die Lösungsmenge schreibt sich wie folgt:

$$\mathbb{L} = \{x \in \mathbb{Q} | 2 < x\}$$

Liest sich: „Die Lösungsmenge ist die Menge aller x aus den rationalen Zahlen mit $2 < x$.“

Das erkläre ich kurz. Normalerweise müsste bei so einer Aufgabe die Definitionsmenge angegeben sein. Die Aufgabenstellung müsste also so ähnlich lauten wie „Lösen Sie folgende Ungleichung, für die gilt $x \in \mathbb{Q}$." Es müsste also angegeben sein, in welcher Menge sich x befindet und genau diese Menge, wird dann auch in der Lösungsmenge verwendet. Also eigentlich ganz einfach: Die Defintionsmenge wieder hinschreiben, senkrechter Strich, und die Lösung der Ungleichung. ☺

Ungleichungen kannst du auf Seite 110 üben.

Fachbegriffe, die du kennen musst

Äquivalenz

Die ganzen Umformungen einer Gleichung, die nach dem senkrechten Strich stehen, wendest du ja immer auf beiden Seiten an – genau das ist Äquivalenz: Beim Umformen der Gleichung hältst du die Waage im Gleichgewicht, weil du jede Rechenoperation auf BEIDEN Seiten durchführst. So einfach ist das.

Manchmal liest du eine Aufgabe, die lautet dann ungefähr so: „Löse die Gleichung mithilfe von Äquivalenzumformungen." Verfall hier wegen der komplizierten Ausdrucksweise bitte nicht in Panik. Mathematiker wollen sich auch ab und zu mal schlau fühlen und verwenden dann solche Ausdrucksformen, damit sie möglichst niemand versteht. Im Endeffekt, heißt die Aufgabenstellung einfach nur, dass du die Gleichung lösen sollst. So wie immer. Immer schön äquivalent. ;)

Lösungsmenge

Die Lösung einer Gleichung kann auch als Lösungsmenge angegeben werden. Nehmen wir die Lösung von unserem super einfachen Beispiel oben: $x = 4$. Da könnten wir die Lösungsmenge einfach noch dazu schreiben: $\mathbb{L} = \{4\}$

Du musst also einfach nur ein großes „L" mit zwei senkrechten Strichen hinschreiben und die Lösung dann in geschweiften Klammern.

Oder nehmen wir die Lösung von unserem normalen Beispiel: $\mathbb{L} = \{-\frac{82}{11}\}$

Ja, so einfach ist das. Wenn du also eine Aufgabe liest, in der es heißt „Wie lautet die Lösungsmenge der Gleichung …“ oder so ähnlich, dann rechnest du alles ganz einfach wie gehabt und schreibst einfach nur die Lösung nochmal ebenso als Lösungsmenge auf.

Du könntest dich fragen, warum man das denn jetzt so macht. Das will ich dir kurz erklären: In der Mathematik geht es eigentlich immer um irgendwelche „Mengen“. Auf Seite 24 habe ich ja ein paar Mengen erklärt, die du kennen solltest. Darüber hinaus gibt es aber noch mehr Mengen, z.B. Definitionsmengen, Wertemengen usw. Und deswegen gibt es auch die Lösungsmenge einer Gleichung. Es macht also im Großen und Ganzen Bild der Mathematik schon Sinn, aber ich kann verstehen, dass du das total blödsinnig findest…

Spezialfälle: keine Lösung / unendlich viele Lösungen

Nicht jede Gleichung führt zu genau einer Lösung, so wie du es in den beiden Beispielen gesehen hast. Manche Gleichungen haben keine Lösung und andere Gleichungen wiederum haben unendlich viele Lösungen.

Keine Lösung

$$\begin{aligned} 2x &= 2x + 3 \qquad &| -2x \\ 0 &= 3 \end{aligned}$$

So, weiter geht es nicht und die letzte Aussage ist trotz äquivalenter Umformungen falsch (null ist eben nicht gleich drei). Das ist ein klassisches Beispiel dafür, dass die Gleichung keine Lösung hat. Egal, was du für x einsetzen würdest, du würdest nie eine wahre Aussage bekommen. Die korrekte Schreibweise der Lösungsmenge sieht wie folgt aus:

$$\mathbb{L} = \{\}$$

Die Lösungsmenge ist **leer**.

Unendliche viele Lösungen

$$7x - 5 = -5 + 7x \qquad | +5$$

$$7x = 7x \qquad | -7x$$
$$0 = 0$$

Je nachdem wie fit du bist, könntest du schon von Anfang an gesehen haben, dass die beiden Seiten links und rechts identisch sind. Besonders deutlich wird es in der letzten Zeile, die unverkennbar eine wahre Aussage ist (null ist gleich null). Das wiederum bedeutet, dass du alles Mögliche für x einsetzen könntest und es würde immer eine wahre Aussage ergeben. Somit hast du unendlich viele Lösungen. Die Lösungsmenge sieht wie folgt aus:

$$\mathbb{L} = \mathbb{D}$$

Die Lösungsmenge ist gleich der Definitionsmenge.

Und was bitte ist die Definitionsmenge? Die Definitionsmenge sind alle Zahlen, die für x eingesetzt werden können. (Vergleiche dazu das Kapitel „Menge von Variablen definieren: $\boldsymbol{x} \in \mathbb{N}$ und so“ auf Seite 25.)

Koordinatensystem

Sicherlich kennst du Koordinatensysteme schon – die kennt nämlich wirklich jeder! Ich will dir im Schnelldurchlauf das Koordinatensystem inkl. aller Begriffe erklären.

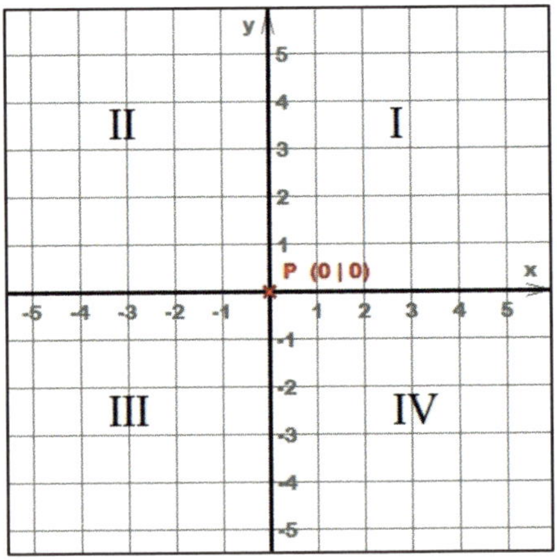

Hier im Bild siehst du ein Koordinatensystem. Es besteht aus zwei Achsen: die waagrechte bzw. horizontale x-Achse (Abszisse) und die senkrechte bzw. vertikale y-Achse (Ordinate). Die Achsen schneiden sich jeweils bei null. Dieser Schnittpunkt der beiden Achsen wird auch als Ursprung bzw. Nullpunkt bezeichnet. Im Bild ist er mit $P(0|0)$ angegeben. Da sich die Achsen jeweils bei Null schneiden, ergeben sich damit sowohl positive als auch negative Bereiche (logisch). Im

Bild erkennst du, dass die linke Seite der Abszisse negativ ist und die rechte Seite positiv. Die untere Seite der Ordinate ist negativ und die obere Seite positiv. Somit könnte das Koordinatensystem auch in vier Quadranten eingeteilt werden, die mit römischen Ziffern dargestellt sind. Der erste Quadrant fängt im positiven Bereich an (sowohl der x-Wert als auch der y-Wert sind positiv) und von da aus wird gegen den Uhrzeigersinn hochgezählt.

Punkte im Koordinatensystem

In ein Koordinatensystem könnten Punkte eingezeichnet werden. Ein Punkt besteht aus zwei Koordinaten: x und y, wobei die x-Koordinate (wie auch im Alphabet) als erstes angegeben wird. Beispiele:

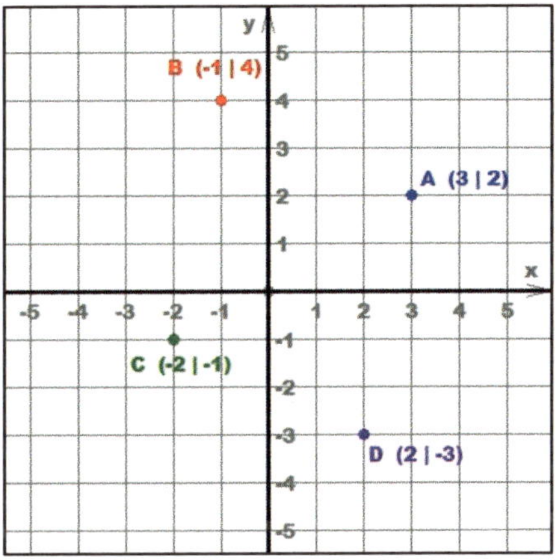

$A(3|2)$

$B(-1|4)$

$C(-2|-1)$

$D(2|-3)$

Zusammenfassung (Koordinatensystem)

1. Besteht aus zwei Achsen:
   a. x-Achse (Waagrechte, Horizontale, Abszisse)
   b. y-Achse (Senkrechte, Vertikale, Ordinate)
2. Achsen schneiden sich im Ursprung bzw. Nullpunkt $O(0|0)$
3. Oben und rechts ist es positiv, unten und links negativ.
4. Quadranten beschreiben die Bereiche zwischen den Achsen und werden gegen den Uhrzeigersinn benannt. Quadrant I (römisch 1) beginnt im positiven x- und y-Bereich.

Funktionen

Allgemeines

Was ist das eigentlich?

Was ist denn eigentlich eine Funktion? Auf Wikipedia steht: „In der Mathematik ist eine Funktion oder Abbildung eine Beziehung zwischen zwei Mengen, die jedem Element der einen Menge genau ein Element der anderen Menge zuordnet." Ok, ich will dir das etwas einfacher erklären: Zu jedem x-Wert gibt es GENAU EINEN y-Wert.

Wichtig ist, dass es genau ein y-Wert ist und nicht mehr Werte. Kannst du dich an das Beispiel mit den Kinokarten auf Seite 19 erinnern? Die Kosten für drei Kinokarten konnten mit der Gleichung berechnet werden, wobei der Ticketpreis variabel war.

$$k = 3 \cdot p$$

Genauer gesagt, handelt es sich hierbei um eine Funktion. Die Kosten K sind nämlich vom Ticketpreis p abhängig. Du könntest also folgendes hinschreiben:

$$k(p) = 3 \cdot p$$

Sprich: „K von p ist gleich 3 mal p".

Nun zurück zu „Funktionen": Egal welchen Preis du für p einsetzt, es kommt genau ein Wert für die Kosten dabei raus.

Machen wir noch ein Negativbeispiel anhand eines Funktionsgraphen:

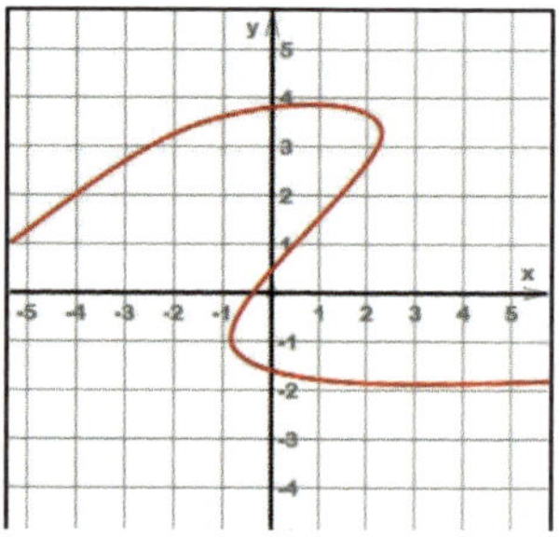

Du siehst, dass für manche x-Werte mehr als ein y-Wert heraus kommen. Deswegen kann es sich hierbei nicht um eine Funktion handeln.

Funktionsgleichung, -vorschrift, -term

Des Öfteren kommen Schüler/innen Durcheinander bei der Verwendung der drei Begriffe. Deswegen stelle ich sie dir hier übersichtlich dar:

Begriff	**Beispiel**
Funktionsgleichung	$f(x) = 2x - 1$
Funktionsvorschrift	$f\colon x \to y = 2x - 1$
Funktionsterm	$2x - 1$

Definitions- und Wertemenge bzw. -bereich

Wenn du dich mit Funktionen beschäftigst, kommst du auch um die Begriffe Definitionsmenge und Wertemenge bzw. Definitonsbereich und Wertebereich nicht vorbei. Die sind aber schnell erklärt. Kurz vorweg: Die Begriffe „Menge“ und „Bereich“ werden hier synonym verwendet.

Die Definitionsmenge gibt an, welche Werte in eine Funktion eingesetzt werden könnten. Bei einem typischen Beispiel $f(x) = \ldots$ gibt die Definitionsmenge alle Werte an, die für x eingesetzt werden könnten. Du könntest dich zurecht fragen, welche Werte nicht gesetzt werden sollten und warum überhaupt? Um mich nicht zu wiederholen, will ich dich hier an das Kapitel „Menge von Variablen definieren: $\boldsymbol{x} \in \mathbb{N}$ und so“ auf Seite 25 erinnern. Dieselbe Erklärung gilt nämlich auch hier.

Bei der Definitionsmenge geht es also um die x-Werte. Rate mal um welche Werte es bei der Wertemenge geht!? – Genau, die y-Werte.

Die Wertemenge gibt an, welche Werte als Ergebnis einer Funktion herauskommen könnten. Du Überlegst dir also erst, welche Werte du für x einsetzen könntest (damit hast du die Definitionsmenge) und dann überlegst du dir, welche Werte eigentlich alles als Ergebnis herauskommen, wenn du alles Mögliche für x eingesetzt hast.

Aufgaben findest du auf Seite 110, aber jetzt zeige ich dir erst ein paar Beispiele.

Eine lineare Funktion $f(x) = 0{,}5x + 2$

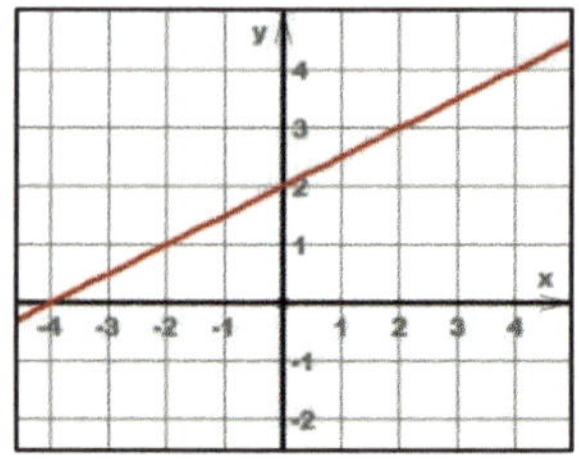

Definitionsmenge: Was könntest du alles für x einsetzen bzw. was könntest du nicht für x einsetzen?

Korrekt, du kannst alles für x einsetzen und deswegen ist $\mathbb{D} = \mathbb{R}$ oder $\mathbb{D} = \mathbb{Q}$, je nachdem, ob du die reellen Zahlen schon kennst oder bisher nur die rationalen.

Und wie schaut es mit der Wertemenge aus? Was könnte für y alles herauskommen?

Korrekt, wieder alles. Also $\mathbb{W} = \mathbb{R}$

Eine quadratische Funktion $f(x) = x^2 - 1$

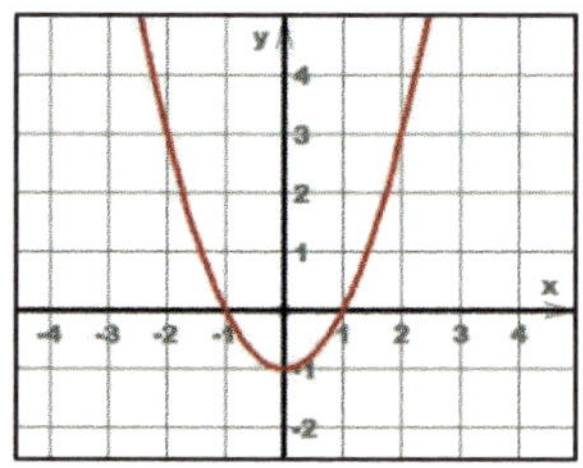

Definitionsmenge: Was könntest du alles für x einsetzen bzw. was könntest du nicht für x einsetzen?

Korrekt, du kannst alles für x einsetzen und deswegen ist $\mathbb{D} = \mathbb{R}$ oder $\mathbb{D} = \mathbb{Q}$, je nachdem, ob du die reellen Zahlen schon kennst oder bisher nur die rationalen.

Und wie schaut es mit der Wertemenge aus? Was könnte für y alles herauskommen?

Korrekt, alles, was größer oder gleich -1 ist. Du siehst nämlich, dass die y-Werte nur bis -1 runter gehen, aber nicht drunter.

Also $\mathbb{W} = \{y \in \mathbb{R} | -1 \leq y\}$

Die Wurzelfunktion $f(x) = \sqrt{x}$

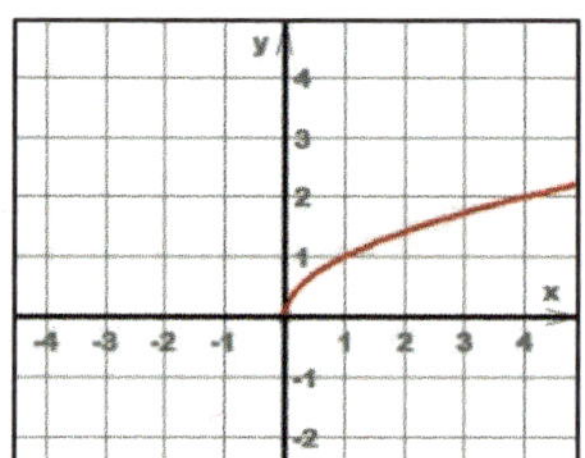

Zur Definitionsmenge dieser Funktion gehören alle positiven Zahlen inklusive der null. Mathematisch könntest du schreiben: $\mathbb{D} = \mathbb{R}_0^+$

Du siehst, dass der Funktionsgraph nur bei positiven Zahlen auf der x-Achse zu sehen ist.

Ja, und bei der Wertemenge sieht es genauso aus: Alle positiven Zahlen inkl. der null könnten für y rauskommen, also: $\mathbb{W} = \mathbb{R}_0^+$

Lineare Funktionen: $y = mx + b$

Lineare Funktionen sind Geraden im Koordinatensystem. So eine Gerade besteht aus unendlich vielen Punkten. Weißt du wie viele Punkte benötigt werden, um eine Gerade eindeutig zu zeichnen?

Genau zwei. Es werden zwei Punkte benötigt, um eine Gerade zeichnen zu können. Einer der beiden wichtigen Punkte, ist der

y-Achsenabschnitt

Der y-Achsenabschnitt gibt nämlich an, wo eine Funktion die y-Achse schneidet. Wie du ja schon weißt, liegt die y-Achse bei dem x-Wert null, also bei $x = 0$. Deswegen kannst du den y-Achsenabschnitt ganz einfach berechnen, indem du für x eine null einsetzt.

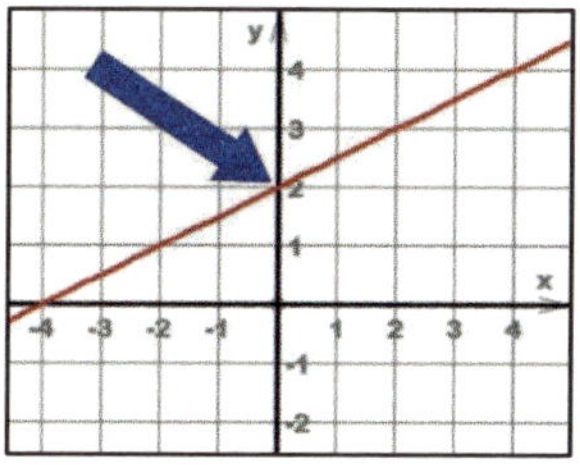

Um eine lineare Funktion bzw. eine Gerade in ein Koordinatensystem zu zeichnen, benötigen wir zwei Punkte, wovon wir den ersten, den y-Achsenabschnitt, soeben besprochen haben. Der zweite Punkt ergibt sich aus dem

Steigungsdreieck

Wie du leicht erkennen kannst, besitzt so eine lineare Funktion eine Steigung. Schauen wir uns das Beispiel von eben noch einmal an:

Du könntest nun beim y-Achsenabschnitt beginnen und zwei Kästchen nach rechts gehen und dann ein Kästchen nach oben und hättest somit ein Steigungsdreieck gezeichnet. Doch wie ist denn nun die Steigung der Funktion? Dafür musst du die Anzahl der Kästchen, die du nach

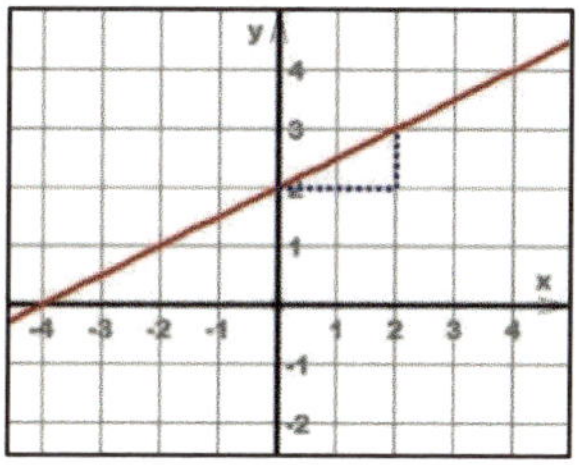

rechts gegangen bist, bei einem Bruch in den Nenner schreiben und die Anzahl der Kästchen, die du nach oben gegangen bist, in den Zähler schreiben. Für diesen Fall beträgt die Steigung also $\frac{1}{2}$.

Schauen wir uns noch weitere Beispiele an:

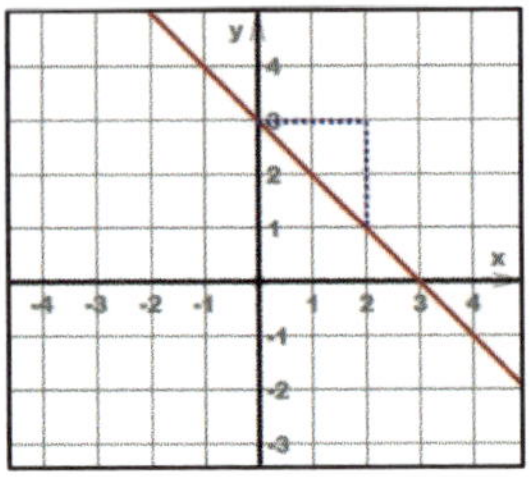

Rechts im Bild verläuft das Steigungsdreieck zwei Kästchen nach rechts und zwei Kästchen nach unten. Nach unten bedeutet, dass die Zahl negativ aufgeschrieben wird: $\frac{-2}{2}$

Eine Steigung von $\frac{-2}{2}$ können wir wie gewohnt auf -1 kürzen $(-2 : 2 = -1)$. Wir hätten auch nur ein Kästchen nach rechts gehen können und eins nach unten, dann hätten wir eben $\frac{-1}{1}$ aufgeschrieben, was aber natürlich auch im Endeffekt -1 ergibt. Dasselbe gilt für drei Kästchen usw.

Die Funktionsgleichung lautet: $y = -x + 3$

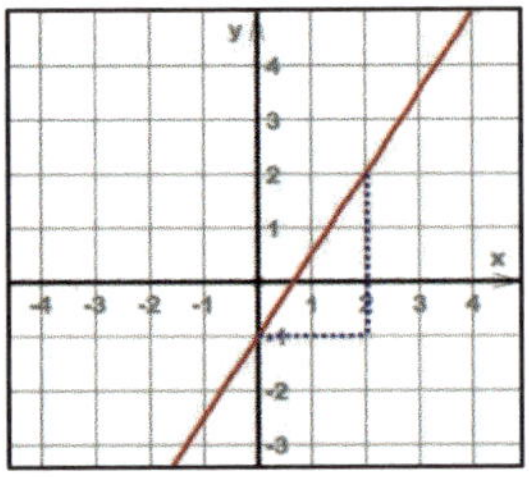

Jetzt probierst du es erstmal alleine. Wie lautet die Steigung der linearen Funktion im rechten Bild?

Du gehst zwei Kästchen nach rechts und drei nach oben: $\frac{3}{2}$

Der y-Achsenabschnitt liegt bei null, somit ergibt sich folgende Funktionsgleichung: $y = \frac{3}{2}x - 1$

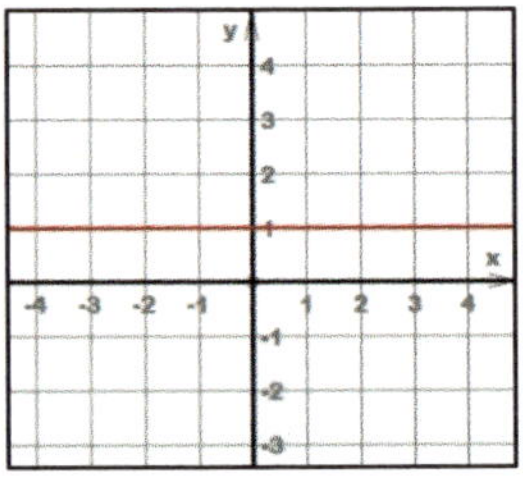

Jetzt wird's tricky! Was sagst du jetzt?

Du denkst dir sicher: „Da ist gar keine Steigung!" – und damit hast du Recht! Keine Steigung bedeutet, die Steigung ist null. Einen y-Achsenabschnitt haben wir trotzdem und somit folgende Funktionsgleichung: $y = 1$

Die allgemeine Funktionsgleichung für lineare Funktionen lautet:

$$f(x) = mx + b$$

↑ Steigung ↑ y – Achsenabschnitt

Wertetabelle

In der Schule wirst du immer wieder mal Wertetabellen sehen oder erstellen müssen. In einer Wertetabelle werden einfach Punkte einer Funktion aufgeschrieben, das heißt, jeweils ein x-Wert und der dazugehörige y-Wert.

Beispiel: Eine Wertetabelle für die Funktion $y = \frac{1}{2}x + 3$ im Intervall $[-3; 3]$

Dafür könntest du erstmal die Wertetabelle hinschreiben.

$\boldsymbol{x}$	-3	-2	-1	0	1	2	3
$\boldsymbol{y = \frac{1}{2}x + 3}$							

Und nun muss y ausgerechnet werden, indem der x-Wert in die gegebene Funktion eingesetzt wird. Fangen wir ganz vorne an:

$$
\begin{aligned}
y &= \frac{1}{2}x + 3 && |\, x = -3 \\
y &= \frac{1}{2} \cdot (-3) + 3 && |\, vereinfachen \\
y &= -1{,}5 + 3 && |\, vereinfachen \\
y &= 1{,}5
\end{aligned}
$$

Für $x = -3$ erhältst du als y-Wert also 1,5. Das könntest du nun in die Tabelle schreiben.

$\boldsymbol{x}$	-3	-2	-1	0	1	2	3
$\boldsymbol{y = \frac{1}{2}x + 3}$	1,5						

Und genauso gehst du mit den anderen Zahlen vor. Als nächstes setzt du die -2 für x ein, dann die -1 usw. Das kannst du gerne jetzt üben und dann mit der Lösung vergleichen:

$\boldsymbol{x}$	-3	-2	-1	0	1	2	3
$\boldsymbol{y = \frac{1}{2}x + 3}$	1,5	2	2,5	3	3,5	4	4,5

Manchmal ist eine Wertetabelle halb ausgefüllt gegeben und du sollst die leeren Felder füllen. Das sieht dann zum Beispiel so aus:

Aufgabe: Ergänze die Wertetabelle:

$\boldsymbol{x}$		$-1{,}5$	
$\boldsymbol{y = -x - 1}$	4		-3

Das heißt, statt nur den x-Werten sind nun auch manche y-Werte vorgegeben. Das ist kein Problem, denn dann musst du die Gleichung eben nach x auflösen. Ich zeige es dir anhand der ersten Spalte $y = 4$.

$$\begin{aligned} y &= -x - 1 \qquad &&| \, y = 4 \\ 4 &= -x - 1 &&| + 1 \\ 5 &= -x &&| : (-1) \\ -5 &= x \end{aligned}$$

Und damit hättest du auch schon deinen ersten Wert:

$\boldsymbol{x}$	-5	$-1{,}5$	
$\boldsymbol{y = -x - 1}$	4		-3

Im Endeffekt ist es total einfach: Du hast eine Gleichung mit zwei Variablen: x und y. Die Wertetabelle gibt dir eine davon vor und somit musst du die Gleichung nur noch nach der anderen auflösen.

Hier ist noch die Lösung der restlichen beiden Felder, inkl. Schaubild, damit du siehst, dass die Punkte wirklich auf der Geraden liegen.

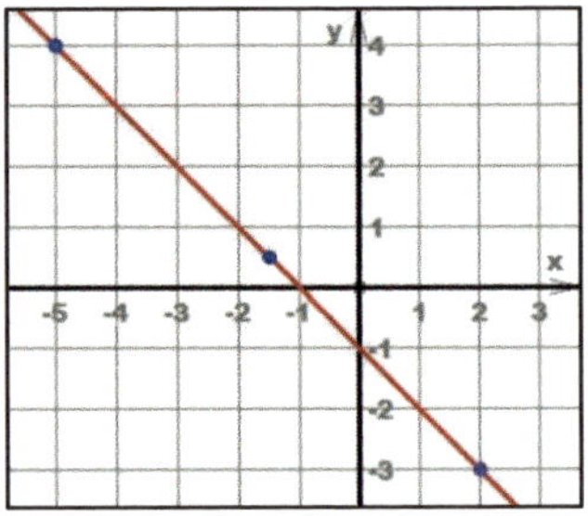

$\boldsymbol{x}$	-5	$-1{,}5$	2
$\boldsymbol{y = -x - 1}$	4	0,5	-3

Aufgaben findest du auf Seite 112.

Funktionsgleichung aus zwei Punkten bestimmen

Genauso wie du mit einer Funktion verschiedene Punkte bestimmen könntest, die auf dem Graphen der Funktion liegen, könntest du auch eine Funktion aus zwei Punkten bestimmen. Das heißt, du hast zwei Punkte gegeben und sollst die Funktionsgleichung finden, dessen Funktionsgraph genau durch diese beiden Punkte geht.

Nehmen wir mal die Punkte $P(1|3)$ und $Q(3|7)$.

Dein Ziel ist es eine Funktionsgleichung der Form $y = mx + b$ zu erstellen, wobei m die Steigung angibt und b den y-Achsenabschnitt (wie immer). Wie könntest du das schaffen, wenn du nur die beiden Punkte gegeben hast?

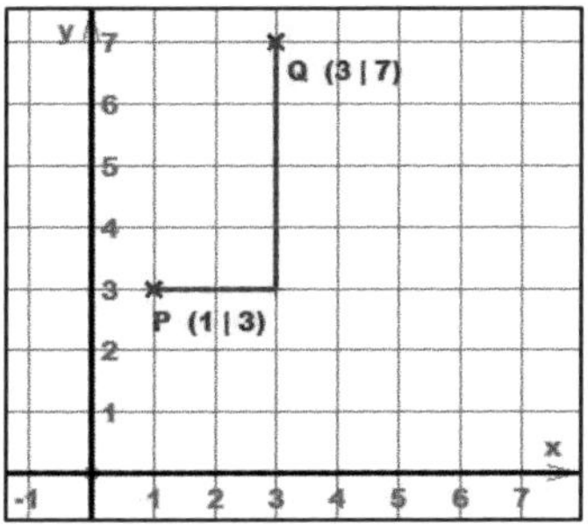

Nun, es ist ehrlich gesagt sehr einfach. Ich habe dir ja schon beim Steigungsdreieck auf Seite 53 erklärt, dass wir die Anzahl der Kästchen, die wir nach rechts gehen, in den Nenner eines Bruchs schreiben und die Anzahl der Kästchen, die wir nach oben gehen, in den Zähler schreiben. Bei dem Schaubild könntest du die Kästchen abzählen, aber wie könntest du sie berechnen, wenn du kein Schaubild hast? – Indem du die Differenz der beiden y-Werte und die Differenz der beiden x-Werte berechnest:

$$m = \frac{y_2 - y_1}{x_2 - x_1}$$

Setzen wir nun die gegeben Werte der Punkte P und Q ein:

$$m = \frac{7 - 3}{3 - 1}$$

$$m = \frac{4}{2}$$

$$m = 2$$

Und schon hast du die Steigung herausgefunden. Setz diese doch gleich in die Ausgangsgleichung ein:

$$y = 2x + b$$

Es fehlt also nur noch der y-Achsenabschnitt b. Wie könntest du diesen berechnen (nicht am Schaubild ablesen, weil du nicht immer ein Schaubild hast oder zeichnen willst)? Nun, du hast nun eine Gleichung mit drei

Variablen y, x und b. Um eine Gleichung lösen zu können, darf eine Gleichung nur eine Variable haben. Glücklicherweise hast du ja zwei Punkte der Funktion gegeben und könntest nun einen davon für x und y einsetzen! Das testest du am besten gleich mit dem Punkt P.

$$\begin{aligned} y &= 2x + b && |\,Punkt\ P(1|3)\ einsetzen \\ 3 &= 2 \cdot 1 + b && |\,vereinfachen \\ 3 &= 2 + b && |-2 \\ 1 &= b \end{aligned}$$

Super, der y-Achsenabschnitt liegt also bei 1. Ein Blick auf das Schaubild weiter oben, bestätigt das. Damit wärst du hiermit schon fertig. Einfach nur zur Übung und damit du siehst, dass es egal ist, welchen der beiden gegebenen Punkte du zum Einsetzen nimmst, rechnen wir den y-Achsenabschnitt noch mit dem Punkt Q aus.

$$\begin{aligned} y &= 2x + b && |\,Punkt\ Q(3|7)\ einsetzen \\ 7 &= 2 \cdot 3 + b && |\,vereinfachen \\ 7 &= 6 + b && |-6 \\ 1 &= b \end{aligned}$$

Nun solltest du noch die Ausgangsgleichung als Ganzes hinschreiben:

$$y = 2x + 1$$

Der Graph dieser Funktion verläuft durch beide Punkte P und Q.

Aufgaben zum üben findest du auf Seite 113.

Zusammenfassung (Funktionsgleichung aus zwei Punkten bestimmen)

1. Zuerst die Steigung m berechnen: $\frac{y_2-y_1}{x_2-x_1}$
2. Dann den y-Achsenabschnitt b berechnen. Dafür einen der beiden gegebenen Punkte und das eben berechnete m in die Ausgangsgleichung $y = mx + b$ einsetzen und die Gleichung nach b auflösen.
3. Fertig! Nur noch die Ausgangsgleichung mit den Werte m und b hinschreiben.

Schnittpunkt von zwei Geraden

Stell dir zwei Geraden in einem Koordinatensystem vor. Diese beiden Geraden werden sich irgendwo schneiden (außer sie sind parallel zueinander). Und diesen Schnittpunkt könntest du ganz leicht berechnen. Dafür musst du die Funktionsterme der beiden Geraden einfach gleichsetzen. Machen wir ein Beispiel:

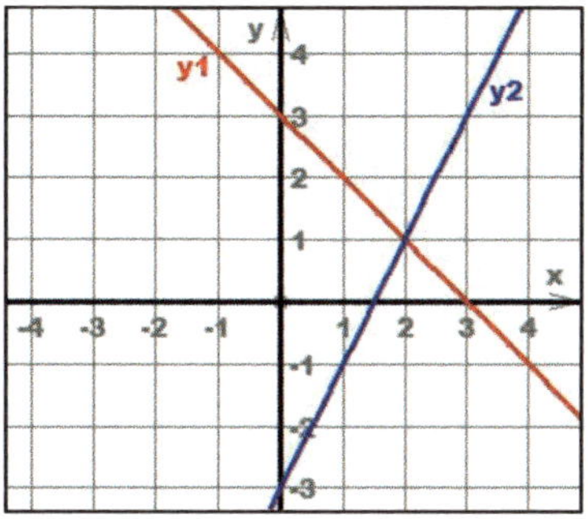

$y_1 = -x + 3$ $\qquad$ $y_2 = 2x - 3$

Gleichsetzen:

$-x + 3 = 2x - 3$

Und die Gleichung wie gewohnt nach x auflösen.

$$\begin{aligned} -x + 3 &= 2x - 3 \qquad && |+x \quad |+3 \\ 6 &= 3x && |:3 \\ 2 &= x \end{aligned}$$

Sehr gut! Genau das könntest du auch im Schaubild ablesen. Der Schnittpunkt liegt bei $x = 2$. Aber wie berechnest du den y-Wert? Nunja, da der Schnittpunkt ein Punkt auf den Graphen von beiden Funktionen ist und du den x-Wert dieses Punktes jetzt schon hast, kannst den x-Wert in eine der beiden Ausgangsgleichungnen einsetzen und damit den y-Wert berechnen.

Nehmen wir die erste Ausgangsgleichung:

$$\begin{aligned} y &= -x + 3 \qquad && |\, x = 2 \\ y &= -2 + 3 && |\, einfach\ ausrechnen \\ y &= 1 \end{aligned}$$

Ja, SO einfach ist das. Jetzt berechnen wir den y-Wert noch mit der anderen Ausgangsgleichung. Nur zum Üben und damit du siehst, dass es egal ist, welche der beiden Ausgangsgleichungen wir nehmen.

$$y = 2x - 3 \qquad | \, x = 2$$
$$y = 2 \cdot 2 - 3 \qquad | \, einfach\ ausrechnen$$
$$y = 1$$

Fertig. Damit liegt der Schnittpunkt – nennen wir ihn S – bei $S(2|1)$.

Zwei Tipps will ich dir noch mitgeben:

1. Wenn die Geraden parallel zueinander sind, gibt es keinen Schnittpunkt. Parallel sind sie, wenn die Steigung m gleich ist.
2. Wenn die Geraden den gleichen y-Achsenabschnitt haben, dann ist der Schnittpunkt natürlich genau der y-Achsenabschnitt (der bei $x = 0$ liegt, also $S(0|b)$.

Üben kannst du es auf Seite 113.

Zusammenfassung (Schnittpunkt von zwei Geraden)

1. Funktionsterme gleichsetzen
2. Gleichung nach x auflösen
3. Das errechnete x in eine der beiden Ausgangsgleichungen einsetzen und damit y berechnen
4. Fertig! Du hast x und y berechnet und kannst damit den Punkt angeben.

Nullstelle

Eine Nullstelle ist der Schnittpunkt der Funktion mit der x-Achse. Da die x-Achse bei $y = 0$ liegt, musst du für y einfach eine 0 einsetzen und dann die Gleichung lösen. ☺ Beispiel:

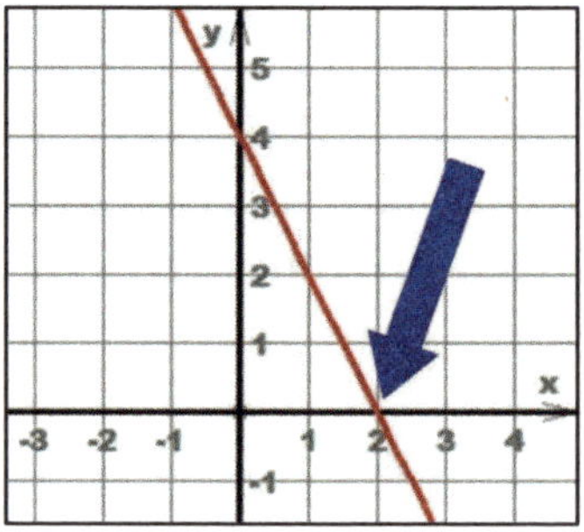

$$y = -2x + 4 \qquad | \, y = 0$$
$$0 = -2x + 4 \qquad | +2x \qquad | : 2$$
$$x = 2$$

Aufgaben zum Üben gibt es auf Seite 114.

Quadratische Funktionen

Nach den linearen Funktionen lernst du normalerweise die quadratischen Funktionen. Diese haben die allgemeine Form:

$$f(x) = ax^2 + bx + c$$
$$\text{bzw. } y = ax^2 + bx + c$$

Die Buchstaben a, b, und c stellen Werte dar, welche der Parabel ihre Form und Position im Koordinatensystem geben. Wichtig ist dabei, dass a immer ungleich Null sein muss. Der Graph einer quadratischen Funktion wird als Parabel bezeichnet.

Oft werden Formeln für Parabeln auch in der Scheitelpunktform angegeben:

$$f(x) = a \cdot (x - b)^2 + c$$

Wenn du die Scheitelpunktform ausrechnest, wirst du auf die allgemeine Form kommen ☺

Eine weitere Variante gibt es noch: die Nullstellenform:

$$f(x) = a \cdot (x - x_1) \cdot (x - x_2)$$

In dem Kapitel werden wir diese Funktionsformen der Reihe nach ansehen. Damit du dir mehr vorstellen kannst, fangen wir erstmal mit der Normalparabel an.

Die Normalparabel

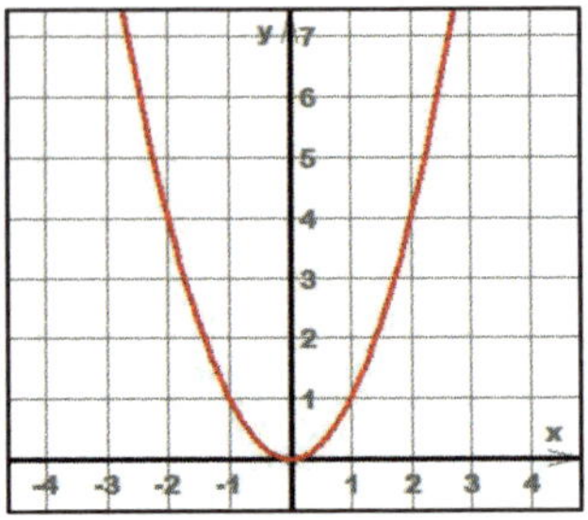

Die Funktionsgleichung einer Normalparabel lautet $f(x) = x^2$. Im Bild hier rechts siehst du den Graphen der Normalparabel.

Dir könnte an dem Graphen auffallen, dass er seinen tiefsten Punkt im Nullpunkt bzw. Koordinatenursprung $O(0|0)$ hat. Dieser Punkt wird Scheitelpunkt genannt. Er kann entweder an der tiefsten Stelle oder an der höchsten Stelle des Graphen sein, je nachdem, ob der Graph nach oben oder nach unten geöffnet ist.

Graphen einer Parabel manipulieren

Sicherlich kannst du dir auch vorstellen, dass sich die Position im Koordinatensystem verändern lässt. Das heißt, dass du den Graphen nach oben, unten, links und rechts verschieben kannst. Ich zeige dir wie das geht.

Parabel in x-Richtung verschieben

Um die Parabel in x-Richtung zu verschieben, musst du – wer hätte es gedacht?! – den x-Wert manipulieren. Dazu subtrahierst du einfach den entsprechenden Wert vom x. Allgemein schreiben wir:

$$f(x) = (x - d)^2$$

Wenn du nun die Parabel um zwei Einheiten nach *rechts* verschieben willst, dann musst du für d eine $+2$ einsetzen und erhältst: $f(x) = (x - (+2))^2$, also $f(x) = (x - 2)^2$

Wenn du die Parabel um zwei Einheiten nach *links* verschieben willst, dann musst du für d eine -2 einsetzen und erhältst: $f(x) = (x - (-2))^2$, also $f(x) = (x + 2)^2$.

Das ist am Anfang immer etwas verwirrend, weil in der Klammer ein Plus steht, wenn nach links verschoben wird und ein Minus, wenn nach rechts verschoben wird. Da musst du einfach immer dran denken!

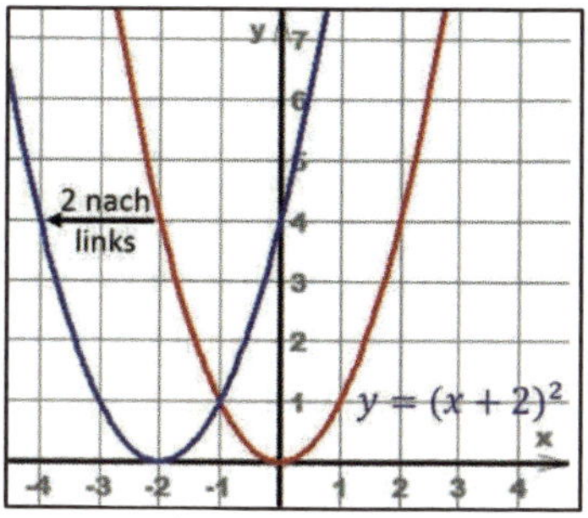

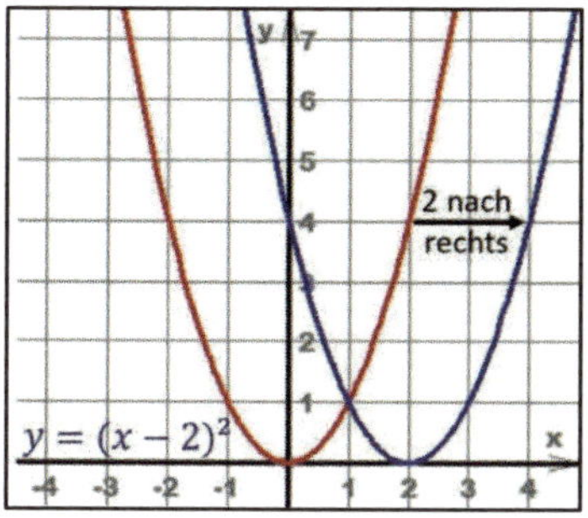

Parabel in y-Richtung verschieben

Um die Parabel in y-Richtung zu verschieben, musst du – wer hätte es gedacht?! – den y-Wert manipulieren. Dazu addierst du einfach den entsprechenden Wert zum vorhandenen Term. Ist jetzt etwas anders, weil du ja kein y im Funktionsterm hast, sondern das y auf der anderen Seite steht. Aber denk mal drüber nach: Wenn du einfach hinten etwas am Term dazu addierst, änderst du damit ja auch den Wert, der somit für y raus kommt. Allgemein schreiben wir:

$$f(x) = x^2 + e$$

Dieses Mal gibt es zum Glück keine Verwirrung mit umgekehrten Vorzeichen, weil da $+e$ steht und nicht $-e$. Wenn du nun die Parabel um zwei Einheiten nach *oben* verschieben willst, dann musst du für e eine $+2$ einsetzen und erhältst: $f(x) = x^2 + 2$

Wenn du die Parabel um zwei Einheiten nach *unten* verschieben willst, dann musst du für e eine -2 einsetzen und erhältst: $f(x) = x^2 - 2$

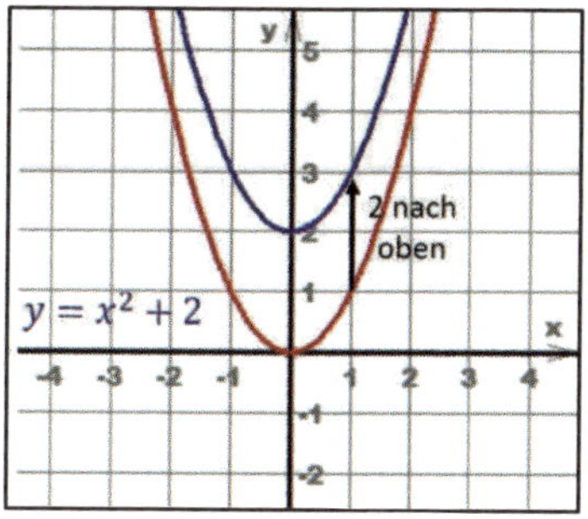

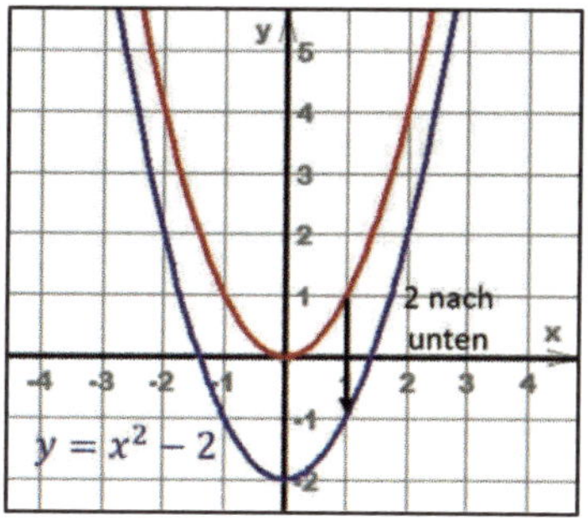

Ja, so einfach ist das!

Und dann könntest du mit der Parabel neben dem Verschieben in x- bzw. y-Richtung noch eine dritte Sache machen: Du könntest die Öffnung weiter auseinander bzw. zusammen ziehen. In der Mathematik sagt man:

Parabel strecken und stauchen

Damit ist gemeint, dass du die Form einer Parabel dicker oder dünner machen könntest. Dafür benötigst du einen weiteren Koeffizienten: a. Dieser wird auch als Öffnungsfaktor bezeichnet.

$$f(x) = ax^2$$

Der Koeffizient a hängt also als Multiplikation mit dem x^2 zusammen. Das ist sehr wichtig: $f(x) = a \cdot x^2$

Je größer der Wert von a ist, desto schneller steigen die Werte von y und desto enger/gestreckter sieht die Parabel aus.

Wenn $a = 1$, dann ist das die Normalparabel.

Je näher der Wert von a an der 0 ist, desto weiter öffnet sich die Parabel bzw. wird gestaucht.

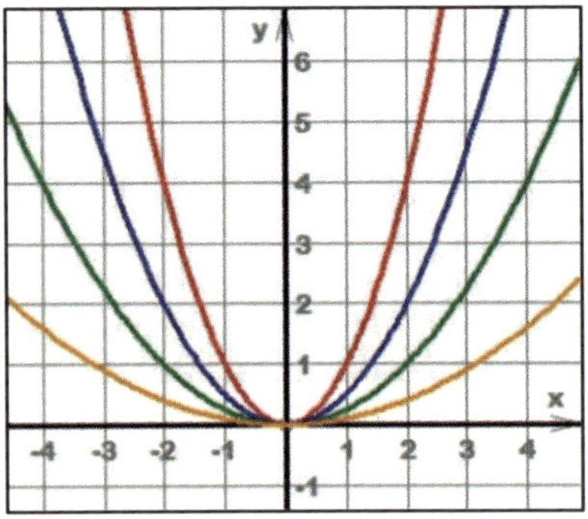

$f(x) = x^2$
$f(x) = 0{,}5x^2$
$f(x) = 0{,}25x^2$
$f(x) = 0{,}1x^2$

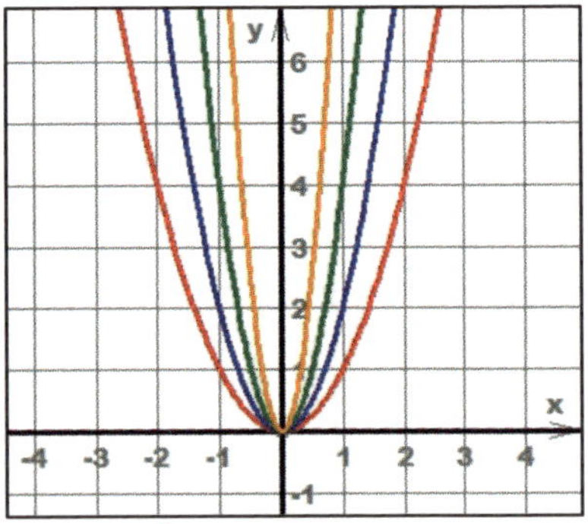

$f(x) = x^2$
$f(x) = 2x^2$
$f(x) = 4x^2$
$f(x) = 10x^2$

Die Scheitelpunktform

Das ganze Verschieben, Strecken und Stauchen kann natürlich auch zusammengefasst werden und nennt sich somit Scheitelpunktform:

$$f(x) = a(x - d)^2 + e$$

Die Scheitelpunktform ist eine von drei Formen, wie die Funktionsgleichung einer Parabel aussehen kann. Die Scheitelpunktform hat den ungemeinen Vorteil, dass du aus der Gleichung den Scheitelpunkt einfach ablesen kannst. Ein paar Beispiele:

$f(x) = (x - 2)^2 - 3$

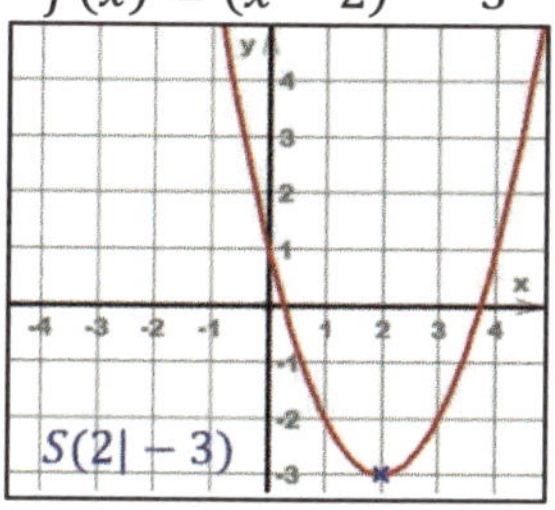

$f(x) = (x + 3)^2 + 1$

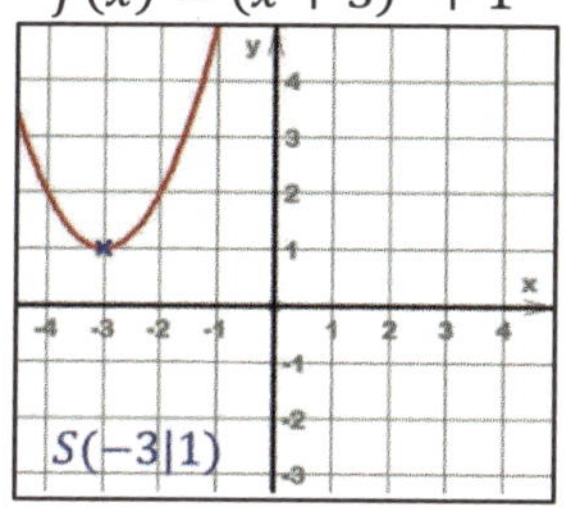

$f(x) = (x + 1)^2 + 2$

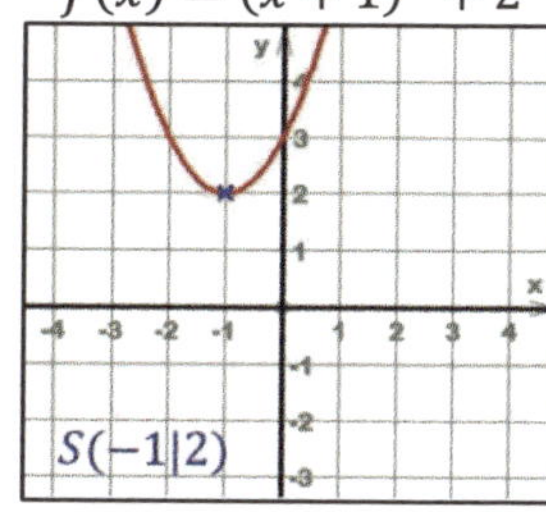

Sehen wir uns mal folgende Funktion an:

$$f(x) = 2 \cdot (x - 6)^2 + 18$$

Die 2 ist uns egal. Sie beschreibt ja, ob die Parabel gestreckt oder gestaucht wird. Der Scheitelpunkt ist dabei immer an der gleichen Stelle.	Hier haben wir unsere x-Koordinate für den Scheitelpunkt. Aber Achtung! Das Vorzeichen muss umgedreht werden.	… und hier haben wir unsere y-Koordinate für den Scheitelpunkt.

Unser Scheitelpunkt hat also die Koordinaten: $S(6|18)$

Zusammenfassung („Graphen einer Parabel manipulieren" und „Die Scheitelpunktform")

1. Die Scheitelpunktform lautet $f(x) = a(x-d)^2 + e$
2. Das a gibt die Streckung bzw. Stauchung an:
   a. Wenn a negativ ist, öffnet sich die Parabel nach unten
   b. Streckung: $a > |1|$
   c. Normalparabel: $a = |1|$
   d. Stauchung: $a < |1|$
3. Das d gibt die Verschiebung in x-Richtung an. Achtung! Wegen des Minus vor dem d bedeutet eine $+3$ in der Klammer eine Verschiebung um 3 nach links.
4. Das e gibt die Verschiebung in y-Richtung an.

Aufgaben zum Thema findest du auf Seite 114.

Die Normalform

Die am meisten verbreiteste Form der Funktionsgleichung einer Parabel ist die Normalform. Vielleicht ist dir bei der Scheitelpunktform aufgefallen, dass sie sozusagen vereinfacht bzw. ausgerechnet werden kann. Die Klammer könnte aufgelöst werden und das a mit ausmultipliziert.

Und wenn du das tust, erhältst du die Normalform:

$$f(x) = ax^2 + bx + c$$

Das a gibt bei der Normalform genauso wie bei der Scheitelpunktform die Streckung bzw. Stauchung an. Das b und das c verhalten sich allerdings etwas anders als das d und das e bei der Scheitelpunktform. An der Normalform kannst du keinen Scheitelpunkt ablesen.

Wenn du nun eine Parabel in der Normalform gegeben hast und du möchtest dennoch wissen, wo der Scheitelpunkt liegt, dann musst du die Normalform in die Scheitelpunktform umrechnen. Und das funktioniert mit der „quadratischen Ergänzung".

Quadratische Ergänzung (Normalform → Scheitelpunktform)

Mit der quadratischen Ergänzung formst du mit Hilfe einer binomischen Formel eine Funktionsgleichung in der Normalform in die Scheitelpunktform um.

Prinzipiell gehst du bei der quadratischen Ergänzung wie folgt vor:

1. Den Koeffizienten, der vor dem x^2 steht, ausklammern.
2. Quadratische Ergänzung
3. Binomische Formel ausnutzen
4. Zusammenfassen und ausmultiplizieren

Aber nochmal langsam und anhand eines Beispiels. Wir wollen die Normalform der Funktionsgleichung $f(x) = 2x^2 - 12x + 22$ in die Scheitelpunktform bringen.

Erster Schritt: Koeffizient ausklammern

Das x^2 muss erstmal alleine stehen, also Klammern wir die 2 aus:

$$f(x) = 2(x^2 - 6x + 11)$$

Die quadratische Ergänzung schieben wir gleich zwischen die $-6x$ und $+11$, deswegen lassen wir da mal eine größere Lücke:

$$f(x) = 2(x^2 - 6x \qquad\qquad\qquad + 11)$$

Zweiter Schritt: Quadratische Ergänzung

In die Lücke schreibst du nun $+\left(\frac{6}{2}\right)^2 - \left(\frac{6}{2}\right)^2$

Die 6 im Zähler kommt vom $-6x$. Die 2 im Nenner und das Quadrat kommen von der quadratischen Ergänzung – die benötigst du also immer.

$$f(x) = 2\left(x^2 - 6x + \left(\frac{6}{2}\right)^2 - \left(\frac{6}{2}\right)^2 + 11\right)$$

Dritter Schritt: binomische Formel ausnutzen

Die ersten drei Summanden in der Klammer sind nun eine binomische Formel. Siehst du das? Lass uns vielleicht erstmal die Qudrate ausrechnen, dann wird es etwas leichter:

$$f(x) = 2(x^2 - 6x + 9 - 9 + 11)$$

Die binomische Formel habe ich dir nun gelb markiert. Nun könntest du einfach aus dem x^2 ein x machen und die Wurzel aus 9 ziehen. Das Rechenzeichen vor dem $6x$ kommt in die Klammer der binomischen Formel.

$$f(x) = 2((x - 3)^2 - 9 + 11)$$

Vierter Schritt: Zusammenfassen und ausmultiplizieren

Fassen wir noch den hinteren Teil zusammen.

$$f(x) = 2((x - 3)^2 + 2)$$

Sehr schön, und nun musst du nur noch die äußere Klammer ausmultiplizieren.

$$f(x) = 2(x - 3)^2 + 4$$

Jetzt könntest du auch den Scheitelpunkt einfach ablesen ☺ Der liegt somit bei $S(3|4)$.

Aufgaben dazu findest du auf Seite 114.

Zusammenfassung (quadratische Ergänzung)

1. Um von der Normalform auf die Scheitelpunktform zu kommen, benötigst du die quadratische Ergänzung
2. Als erstes wird a ausgeklammert (dieser Schritt entfällt, wenn $a = 1$)
3. Als nächstes schreibst du die quadratische Ergänzung zwischen den zweiten und dritten Summanden. Die quadratische Ergänzung lautet $+\left(\frac{b}{2}\right)^2 - \left(\frac{b}{2}\right)^2$, wobei b die Zahl vor dem x ist.

4. Nun kannst du die binomische Formel ausnutzen und die ersten drei Summanden zu einer binomischen Formel zusammenfassen.
5. Als letztes musst du nur noch zusammenfassen.

Neben der Normalform und Scheitelpunktform gibt es noch eine dritte Form, um eine Funktionsgleichung einer Parabel aufzuschreiben: die Nullstellenform. Doch bevor wir uns die Nullstellenform anschauen, werfen wir noch einen Blick auf die möglichen Nullstellen einer Parabel.

Nullstellen einer Parabel

Eine Parabel kann bis zu zwei Nullstellen haben. Du erinnerst dich an das „bis zu zwei"? Das habe ich auf Seite 32 schon mal erwähnt, als es um die Anzahl der Ergebnisse einer quadratischen Gleichung ging.

Eine Parabel kann somit

keine Nullstelle,

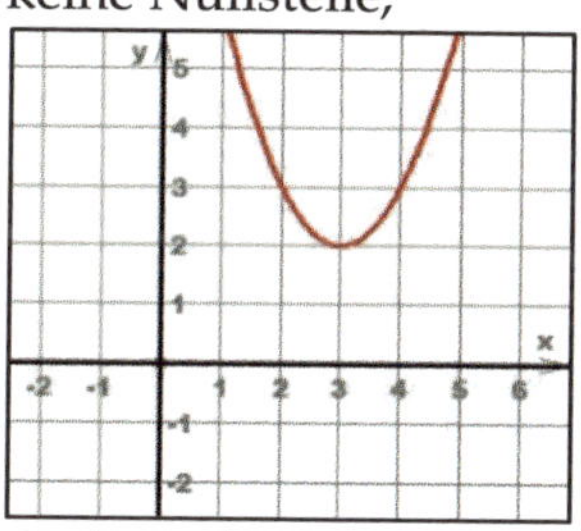

eine Nullstelle oder

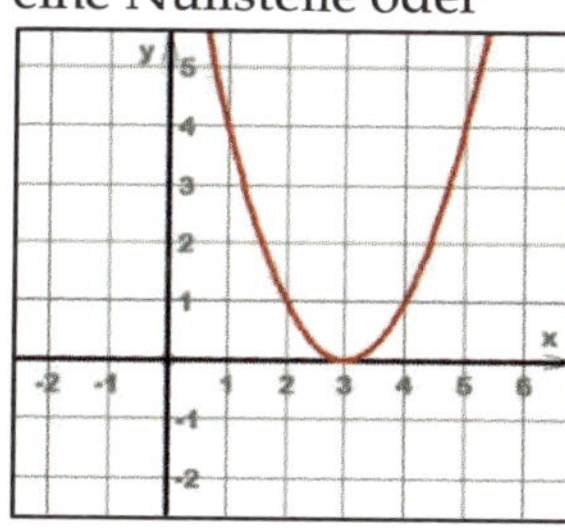

zwei Nullstellen haben.

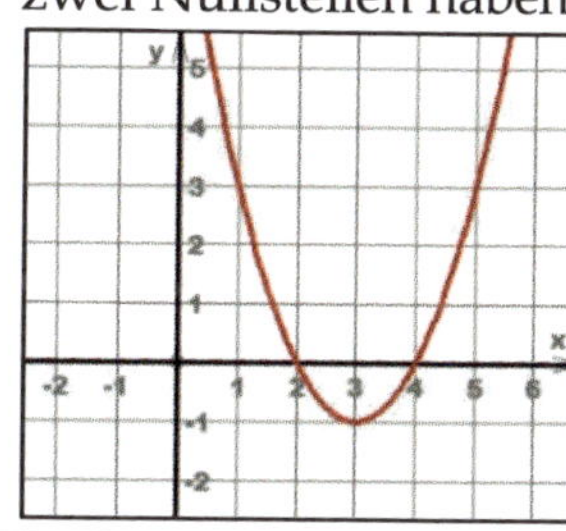

Du berechnest Nullstellen IMMER, indem du den Funktionsterm gleich null setzt, weil die x-Achse eben bei $y = 0$ liegt. Und dann löst du einfach die entstandene Gleichung.

Nullstellenform

Neben der Normalform und Scheitelpunktform gibt es noch eine dritte Form, um eine Funktionsgleichung einer Parabel aufzuschreiben: die Nullstellenform.

$$f(x) = a \cdot (x - x_1) \cdot (x - x_2)$$

Viele Schüler/innen kennen den Unterschied zwischen x und x_1 bzw. x_2 nicht. Das kannst du dir ein für alle mal merken: Wenn x einfach so alleine dasteht, dann ist damit wirklich x als Variable gemeint. Wenn x_1 bzw. x_2 dasteht, also mit einer kleinen Zahl dran, dann sind damit feste Werte gemeint. Ein Beispiel für die Nullstellenform mit Werten ist $y = 0{,}5(x + 1)(x - 2)$. Du siehst, dass für x_1 und x_2 Zahlen stehen.

Wie auch bei der Normalform und Scheitelpunktform wird a als Öffnungsfaktor bezeichnet. Erinnerst du dich noch was das war? Er beeinflusst eine Parabel hinsichtlich des Streckens oder Stauchens (siehe auch Seite 64).

Ähnlich wie du bei der Scheitelpunktform den Scheitelpunkt ablesen kannst, kannst du bei der Nullstellenform die Nullstellen ablesen.

Die Nullstellen werden in der allgemeinen Form als x_1 und x_2 bezeichnet. Achte darauf, dass vor ihnen wieder ein Minus steht, sowie auch in der Klammer bei der Scheitelpunktform. Somit musst du das Vorzeichen beim Ablesen umkehren.

Wenn eine Parabel keine Nullstellen hat, dann kann sie natürlich auch nicht in der Nullstellenform angegeben werden. Und hier sind noch die Beispiele für

eine Nullstelle und
$y = 0{,}5(x - 3)^2$

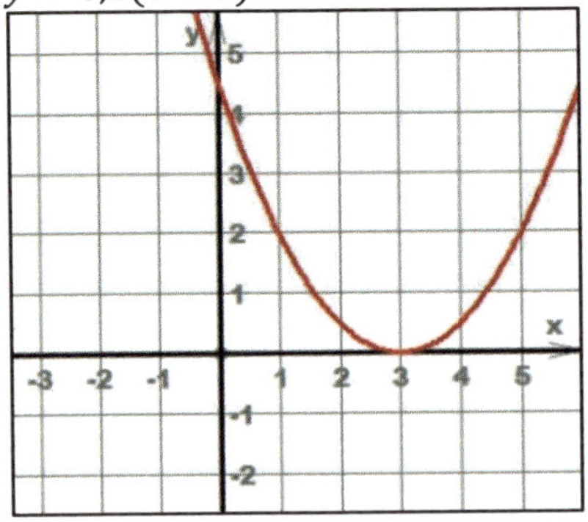

zwei Nullstellen.
$y = 0{,}5(x + 1)(x - 2)$

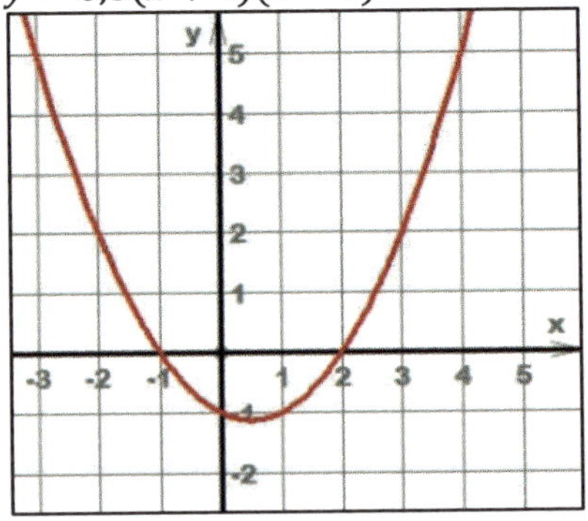

Wenn eine Parabel nur eine Nullstelle hat, dann *berührt* sie die x-Achse nur, sonst *schneidet* sie die x-Achse. Beim Berühren der x-Achse spricht man auch von einer doppelten Nullstelle.

Könntest du dir vorstellen, warum in den Klammern bei der Nullstellenform die Nullstellen abgelesen werden können? Also warum sollten das die Nullstellen sein?

Um das zu verstehen, musst du zwei Dinge wissen:

1. Die Nullstellen werden berechnet, indem man eine Null für y einsetzt, sprich $0 = \ldots$
2. Wenn ein Faktor in einem Produkt null ist, dann ist das ganze Produkt null.

Schau mal genau hin: $f(x) = a \cdot (x - x_1) \cdot (x - x_2)$. Die Nullstellenform ist ein Produkt aus drei Faktoren. Der erste Faktor ist a. Der zweite Faktor ist $(x - x_1)$ und der dritte Faktor ist $(x - x_2)$. Die beiden Klammern als Faktoren nennt man auch Linearfaktoren. Und bei der Berechnung von Nullstellen, willst du ja genau das wissen. Für welches x ergibt der Funktionsterm null? a ist nie null, sonst würde es keine Parabel sein. Also bleiben nur die Klammern. Die erste Klammer wird null, wenn du für x genau x_1 einsetzen würdest, weil dann $x_1 - x_1$ in der Klammer stehen würde und das ergibt null. Und die zweite Klammer ergibt null, wenn du für x genau x_2 einsetzen würdest, denn dann steht da $x_2 - x_2$ und auch das ergibt null.

Rechnen wir kurz ein Beispiel und nehmen dafür das rechte Schaubild auf Seite 70: $y = 0{,}5(x + 1)(x - 2)$

Erste Nullstelle: $x = -1$	**Zweite Nullstelle: $x = 2$**
$\mathbf{0 = 0{,}5(x + 1)(x - 2) \quad \vert\, x = -1}$	$0 = 0{,}5(x + 1)(x - 2) \quad \vert\, x = 2$
$\mathbf{0 = 0{,}5(-1 + 1)(-1 - 2) \quad \vert\, vereinf.}$	$0 = 0{,}5(2 + 1)(2 - 2) \quad \vert\, vereinf.$
$\mathbf{0 = 0{,}5 \cdot 0 \cdot 3}$	$0 = 0{,}5 \cdot 3 \cdot 0$
$\mathbf{0 = 0}$	$0 = 0$

Wenn du es nicht auf anhieb verstanden hast: keine Sorge. Lies dir das Kapitel noch einmal durch und mach dir paar Gedanken dazu. Und dann kannst du es noch auf Seite 115 üben.

Von der Nullstellenform zur Normalform

Um die Nullstellenform in die Normalform umzuwandeln, musst du die Nullstellenform einfach nur „ausrechnen“ bzw. so weit wie möglich vereinfachen.

Beispiel:
Die Funktionsgleichung der Nullstellenform $f(x) = \frac{1}{2} \cdot (x-4) \cdot (x+3)$ soll in die Normalform umgewandelt werden.

$$f(x) = \frac{1}{2} \cdot (x-4) \cdot (x+3) \quad | \textit{Klammern ausmultiplizieren}$$
$$f(x) = \frac{1}{2} \cdot (x^2 + 3x - 4x - 12) \quad | \textit{ausmultiplizieren}$$
$$f(x) = \frac{1}{2}x^2 - \frac{1}{2}x - 6$$

Also total einfach! ☺

Von der Normalform zur Nullstellenform

Um die Normalform in die Nullstellenform umzuwandeln, musst du erst die Nullstellen der Parabel berechnen. Dafür setzt du den Funktionsterm einfach gleich null und löst die quadratische Gleichung.

Beispiel:
Die Funktionsgleichung der allgemeinen Form $f(x) = -2x^2 + 6x + 8$ soll in die Nullstellenform gebracht werden.

$$f(x) = -2x^2 + 6x + 8 \quad | y = 0$$
$$0 = -2x^2 + 6x + 8 \quad | :(-2)$$
$$0 = x^2 - 3x - 4 \quad | pq - Formel\ (oder\ Mitternachtsformel)$$
$$x_{1/2} = -\frac{-3}{2} \pm \sqrt{\left(\frac{-3}{2}\right)^2 - (-4)}$$
$$x_1 = 4 \text{ und } x_2 = -1$$

Super, die Nullstellen hast du schon mal. Nun musst du sie nur noch in die Klammern schreiben und dabei beachten, dass das Vorzeichen umgedreht werden muss!

$$f(x) = a \cdot (x-4) \cdot (x+1)$$

Ganz genau, du solltest den Öffnungsfaktor a nicht vergessen. Den kannst du ja einfach oben am x^2 ablesen: $a = -2$

Demnach lautet deine Funktionsgleichung:

$$f(x) = -2(x-4)(x+1)$$

Zusammenfassung (Nullstellen und die Nullstellenform)

1. Sieht so aus $f(x) = a \cdot (x - x_1) \cdot (x - x_2)$
2. Die Nullstellen x_1 und x_2 kannst du einfach ablesen (Achtung! Vorzeichen umkehren!)
3. Die Nullstellenform ist ein Produkt, die beiden Klammern nennt man Linearfaktoren.
4. Wenn du die Nullstellenform ausmultiplizierst bzw. vereinfachst, erhältst du die Normalform $f(x) = ax^2 + bx + c$
5. Um von der Normalform auf die Nullstellenform zu gelangen, musst du erst die Nullstellen berechnen. Vergiss den Öffnungsfaktor a nicht.

Lineare Gleichungssysteme (LGS)

Auch wenn du jetzt vielleicht denkst „Was ist das denn?!“, kann ich dir sagen, dass du lineare Gleichungssysteme schon kennengelernt hast. Und zwar beim Berechnen vom Schnittpunkt von zwei Geraden bzw. linearen Funktionen. Das war/ist auch ein lineares Gleichungssystem.

Bei linearen Gleichungssystemen geht es in der Regel um mehere Gleichungen mit mehreren Variablen. Zum Beispiel zwei Geraden im Koordinatensystem:

$I \quad y = x - 1$
$II \quad y = -2x + 8$

Es ist üblich die Gleichungen mit römischen Ziffern zu nummerieren.

Du könntest dieses LGS nun mit drei verschiedene Verfahren lösen. Die Lösung ist, sowohl einen Wert für x als auch einen Wert für y zu finden, bei denen beide Gleichungen eine wahre Aussage ergeben.

Die drei Verfahren haben eine Gemeinsamkeit und die musst du verstanden haben: Es geht immer darum, eine Variable zu eliminieren, sodass du nur noch eine Gleichung mit einer Variablen erhältst, die du wie gewohnt lösen kannst.

Was du bishergemacht hast, ist die beiden Gleichungen einfach gleichzusetzen. Und das ist auch völlig korrekt, weil jeweils y auf einer Seite steht. Und weil $y = y$ ist, kannst du das tun. Das ist das erste Verfahren, das ich dir erkläre.

Gleichsetzungsverfahren

Beim Gleichsetzungsverfahren müssen beide Gleichungen nach derselben Variable aufgelöst sein, zum Beispiel:

$I \quad y = x - 1$
$II \quad y = -2x + 8$

Du siehst, dass beide Gleichungen nach y aufgelöst sind. Deswegen könntest du die beiden rechten Seiten nun einfach gleichsetzen:

$$
\begin{aligned}
I = II \qquad x - 1 &= -2x + 8 \qquad |+2x \quad |+1 \\
3x &= 9 \qquad |:3 \\
x &= 3
\end{aligned}
$$

Durch das Gleichsetzen hast du die Variable y eliminiert und es ist nur noch eine Gleichung mit einer Variablen übrig geblieben. Die konntest du wie gewohnt lösen.

Jetzt hast du also x berechnet. Weißt du noch, wie du nun an das y kommst? Korrekt, einfach das x in eine der beiden Ausgangsgleichungen einsetzen:

$$
\begin{aligned}
I \qquad y &= x - 1 \qquad | x = 3 \\
y &= 3 - 1 \\
y &= 2
\end{aligned}
$$

Super, deine Lösung für das Gleichungssystem lautet $x = 3$ und $y = 2$.

Du könntest nun x und y in beide Ausgangsgleichungen einsetzen und testen, ob wirklich beide Ausgangsgleichungen eine wahre Aussage ergeben.

Aufgaben findest du auf Seite 116.

Einsetzungsverfahren

Beim Einsetzungsverfahren musst du eine der beiden Ausgangsgleichungen nach einer Variablen auflösen und den Term in die zweite Gleichung für die Variable einsetzen.

Ok, den Satz musst du nicht auf Anhieb verstanden haben. Machen wir wieder ein Beispiel.

$$
\begin{aligned}
I \qquad 2 &= 5x - y \\
II \qquad -3 &= 6x - 3y
\end{aligned}
$$

So, wie immer: zwei Gleichungen und zwei Variablen. Du willst nun eine der beiden Gleichungen nach einer Variable auflösen (egal ob x oder y). Schau dir die beiden Gleichungen genau an. Nach welcher Variablen in welcher Gleichung wäre es am einfachsten aufzulösen? Ich würde vorschlagen, nach dem y in der ersten Gleichung, weil es alleine da steht.

$$\begin{array}{lll} I & 2 = 5x - y & |+y \quad |-2 \\ & y = 5x - 2 & \end{array}$$

Optimal, dieses y könntest du nun in die andere Gleichung einsetzen.

$$\begin{array}{lll} II & -3 = 6x - 3y & |\, y = 5x - 2 \\ & -3 = 6x - 3(5x - 2) & |\, ausmultiplizieren \\ & -3 = 6x - 15x + 6 & |-6 \\ & -9 = -9x & |:(-9) \\ & 1 = x & \end{array}$$

Damit hast du den Wert für x berechnet und wie immer, könntest du diesen Wert jetzt in eine der beiden Ausgangsgleichungen einsetzen und somit y berechnen.

$$\begin{array}{lll} I & 2 = 5x - y & |\, x = 1 \\ & 2 = 5 - y & |-5 \\ & -3 = -y & |:(-1) \\ & 3 = y & \end{array}$$

Und, ist doch gar nicht so schwer, oder?

Aufgaben findest du auf Seite 116.

Additionsverfahren (bzw. Subtraktionsverfahren)

Auch beim Additionsverfahren geht darum, eine Variable geschickt zu eliminieren, sodass eine Gleichung mit einer Variablen übrig bleibt, die du wie gewohnt lösen könntest. Doch anders als bei dem Gleichsetzungs- und Einsetzungsverfahren wird beim Additionsverfahren nichts gleichgesetzt oder für eine Variable eingesetzt, sondern die **Gleichungen werden miteinander addiert**. Das ist erstmal total ungewohnt und wahrscheinlich frägst du dich (so wie ich mich damals), warum das überhaupt möglich ist…!?

Da will ich dich daran erinnern, dass eine Gleichung immer als eine Waage zu betrachten ist (siehe Seite 29). Bei zwei Gleichungen, hast du also zwei

Waagen. Und wenn die nun miteinander addierst, dann könntest du es dir so vorstellen, als würde das Gewicht der einen Waage auf die andere Waage dazugetan werden. Da beide Waagen im Gleichgewicht waren, ist nun auch die Waage mit dem Gewicht von beiden, weiterhin im Gleichgewicht – macht Sinn, oder!? ;)

Nehmen wir das Beispiel von eben und lösen es mit dem Additionsverfahren.

$$\begin{array}{ll} I & 2 = 5x - y \\ II & -3 = 6x - 3y \end{array}$$

Dein Gedanke sollte nun folgender sein: „Wenn ich nun beide Gleichungen miteinander addiere, muss eine Variable verschwinden. Wie bekomme ich das hin?" Du siehst, wenn du jetzt die beiden Gleichungen addieren würdest, dann würde das nichts bringen:

$$I + II \quad -1 = 11x - 4y$$

Du hast nun eine Gleichung mit zwei Unbekannten. Hier kommst du nicht weiter. Das Ziel ist eine Gleichung mit *einer* Unbekannten!

Also musst du eine der beiden Gleichungen so umformen, dass beim Addieren eine Variable eliminiert wird. Dafür könntest du zum Beispiel die Gleichung I mit -3 multiplizieren, weil du damit ein $+3y$ erhältst und in der zweiten Gleichung ein $-3y$ steht. Somit würde sich $+3y + (-3y)$ eliminieren.

$$\begin{array}{lll} I & 2 = 5x - y & | \cdot (-3) \\ II & -3 = 6x - 3y & \end{array}$$

$$\begin{array}{ll} I & -6 = -15x + 3y \\ II & -3 = \quad 6x - 3y \end{array}$$

Jetzt addierst du die beiden Gleichungen. Dabei fliegt das y raus.

$$\begin{array}{lll} I + II & -6 + (-3) = -15x + 6 + 3y + (-3y) & \\ & -9 = -9x & | : (-9) \\ & 1 = x & \end{array}$$

Und wie immer, kannst du jetzt das x in eine der beiden Ausgangsgleichungen einsetzen, um y zu berechnen. Da das Beispiel hier, dasselbe ist, wie beim Einsetzungsverfahren, schreibe ich es hier nicht noch einmal auf.

Anstatt die beiden Gleichungen miteinander zu addieren, könntest du sie auch einfach voneinander subtrahieren. Während du beim Addieren darauf achtest, dass die zu eliminierende Variable ein unterschiedliches Vorzeichen hat (siehe Beispiel $+3y$ und $-3y$), müssen die Vorzeichen beim Subtrahieren natürlich gleich sein, damit die Variable verschwindet. Ansonsten ist alles gleich.

Aufgaben findest du auf Seite 116.

Zusammenfassung (drei Verfahren zum Lösen eines LGS)

1. Gleichsetzungsverfahren
   Beide Gleichungen müssen nach derselben Variablen aufgelöst sein/werden, dann können sie gleichgesetzt werden.
2. Einsetzungsverfahren
   Eine der beiden Gleichungen wird/ist nach einer Variablen aufgelöst. Anschließend kann der Term für die Variable in die andere Gleichung eingesetzt werden.
3. Additionsverfahren
   Forme die beiden Gleichungen so um, dass beim Addieren der beiden Gleichungen eine Variable eliminiert wird.
4. Die drei Verfahren haben eine Gemeinsamkeit: Es geht *immer* darum, eine Variable zu eliminieren, sodass *eine* Gleichung mit *einer* Variablen übrig bleibt, die wie gewohnt gelöst werden kann. Anschließend wird die zweite Variable mit einer der beiden Ausgangsgleichungen gelöst.

3 Gleichungen und 3 Variablen

Bisher hast du nur LGS mit *zwei* Gleichungen und *zwei* Variablen kennengelernt. Es kommt auch häufig vor, dass dir ein LGS mit *drei*

Gleichungen und *drei* Variablen begegnet. Zum Beispiel ist das der Fall, wenn drei Punkte in einem Koordinatensystem gegeben sind und du die Funktionsgleichung einer Parabel bestimmen sollst, die durch alle drei Punkte verläuft. Machen wir doch direkt ein Beispiel:

Der Graph einer Parabel verläuft durch die Punkte $A(-1|3)$, $B(1|1)$ und $C(5|9)$. Bestimme die Funktionsgleichung der Parabel.

OK, die Funktionsgleichung einer Parabel ist gesucht. Nehmen wir dafür doch die Normalform $f(x) = ax^2 + bx + c$. Du siehst, dass es drei Unbekannte a, b und c gibt. Nun stellst du die Gleichungen auf, indem du jeweils einen Punkt je Gleichung einsetzt.

$$
\begin{array}{lll}
I & f(x) = ax^2 + bx + c & |\, A(-1|3) \\
 & 3 = a \cdot (-1)^2 + b \cdot (-1) + c & \\
 & 3 = a - b + c &
\end{array}
$$

$$
\begin{array}{lll}
II & f(x) = ax^2 + bx + c & |\, B(1|1) \\
 & 1 = a \cdot (1)^2 + b \cdot (1) + c & \\
 & 1 = a + b + c &
\end{array}
$$

$$
\begin{array}{lll}
III & f(x) = ax^2 + bx + c & |\, C(5|9) \\
 & 9 = a \cdot (5)^2 + b \cdot (5) + c & \\
 & 9 = 25a + 5b + c &
\end{array}
$$

Sauber, jetzt schreiben wir die drei Gleichungen mal direkt untereinander.

$$
\begin{array}{ll}
I & 3 = \quad a - \quad b + c \\
II & 1 = \quad a + \quad b + c \\
III & 9 = 25a + 5b + c
\end{array}
$$

Genauso wie bei den LGS mit zwei Gleichungen und zwei Variablen, werden wir hier Variablen eliminieren müssen, bis nur noch eine Gleichung mit einer Variablen übrig bleibt.

Am besten schaust du dir das LGS erstmal in Ruhe an und überlegst dir, welche Variable du am einfachsten mit dem Additionsverfahren eliminieren könntest. Denke kurz darüber nach!

Wie wäre es, wenn du als erstes b eliminierst, weil in der ersten Gleichung $-b$ und in der zweiten Gleichung $+b$ steht? Das b würde also sofort rausfliegen. ☺

$$I + II \qquad 3 + 1 = a + a + (-b) + b + c + c$$
$$4 = 2a + 2c$$

Wunderbar, damit ist b schon mal weg. Jetzt musst du ***die selbe Variable*** (also wieder b) mit ***zwei anderen Gleichungen*** eliminieren. Es ist egal, ob du nun die erste und die dritte Gleichung nimmst oder die zweite und die dritte Gleichung. Nur nicht noch einmal die erste und die zweite. Ich würde vorschlagen, die erste und die dritte zu nehmen, weil in der ersten $-b$ steht und in der dritten $+5b$. Somit müssen wir die erste Gleichung nur *mal* 5 nehmen und könnten dann schon addieren.

$$I \qquad 3 = a - b + c \qquad | \cdot 5$$
$$III \qquad 9 = 25a + 5b + c$$

$$I \qquad 15 = 5a - 5b + 5c$$
$$III \qquad 9 = 25a + 5b + c$$

Nun addieren wir, damit b eliminiert wird.

$$I + III \qquad 15 + 9 = 5a + 25a + (-5b) + 5b + 5c + c$$
$$24 = 30a + 6c$$

Du hast nun zwei Gleichungen, bei denen das b nicht vorhanden ist. Also zwei Gleichungen und zwei Variablen – klingelt's? Das kannst du doch schon lösen!

$$I + II \qquad 4 = 2a + 2c \qquad | \cdot (-3)$$
$$I + III \qquad 24 = 30a + 6c$$

$$I + II \qquad -12 = -6a - 6c$$
$$I + III \qquad 24 = 30a + 6c$$

$$(I + II) + (I + III) \qquad -12 + 24 = -6a + 30a - 6c + 6c$$
$$12 = 24a \qquad | : 24$$
$$0{,}5 = a$$

Sehr gut, damit hast du schon mal den Wert für a. Du weißt ja, dass du den Wert für c berechnest, indem du den Wert für a entweder in die Gleichung $I + II$ oder in die Gleiung $I + III$ einsetzt. Nehmen wir die Gleichung $I + II$, weil da die Zahlen kleiner sind.

$$\begin{array}{lrll} I + II & 4 = & 2a \quad + 2c & \mid a = 0{,}5 \\ & 4 = & 2 \cdot 0{,}5 + 2c & \\ & 4 = & 1 \quad + 2c & \mid -1 \\ & 3 = & 2c & \mid : 2 \\ & 1{,}5 = & c & \end{array}$$

Und damit hättest du neben a auch schon die nächste Variable. Bleibt nur noch der Wert von b offen. Was denkst du? Wie könntest du an den Wert von b kommen? Es ist so ähnlich, wie du auch bei den LGS mit zwei Gleichungen und zwei Variablen vorgehst, wenn du die letzte Variable berechnen willst.

Du musst die beiden bisher berechneten Variablen in eine Ausgangsgleichung einsetzen. Denn dann bleibt ja nur noch b unbekannt und kann somit gelöst werden! In welche der drei Ausgangsgleichungen du a und c nun einsetzt, ist wieder völlig dir überlassen. Ich würde die zweite Vorschlagen, weil da die kleinsten Zahlen vorkommen und nur Pluszeichen

$$\begin{array}{lrlll} II & 1 = & a + b + c & \mid a = 0{,}5 & \mid c = 1{,}5 \\ & 1 = & 0{,}5 + b + 1{,}5 & & \\ & 1 = & 2 + b & \mid -2 & \\ & -1 = & b & & \end{array}$$

Fertig! Alle drei Unbekannten haben nun einen Wert und können in die gesuchte Funktionsgleichung eingesetzt werden:

$$f(x) = 0{,}5x^2 - x + 1{,}5$$

Der Graph dieser Funktion verläuft somit durch die drei Punkte $A(-1|3)$, $B(1|1)$ und $C(5|9)$.

Zusammenfassung (3 Gleichungen und 3 Variablen)

Wenn du dieses Lösungsverfahren zum ersten mal gelesen hast, dann ist es völlig normal, dass du dich gerade wahrscheinlich etwas überfahren fühlst.

Das muss geübt werden und ich zeige dir hier eine Zusammenfassung, die wirklich sehr leicht zu merken ist.

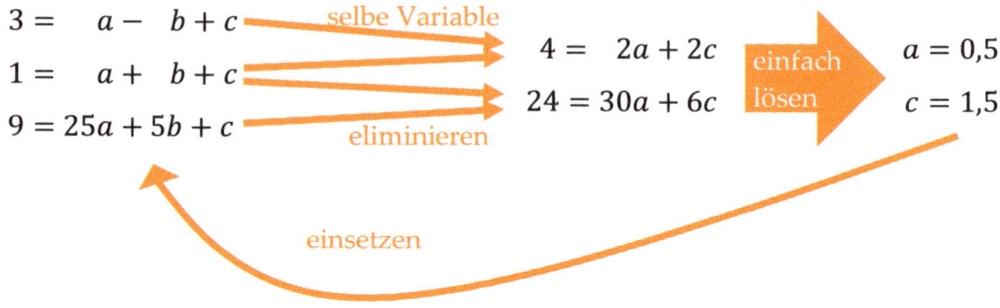

1. Such dir zwei Gleichungen aus und eliminiere eine Variable.
2. Eliminiere dieselbe Variable mit zwei anderen Gleichungen.
3. Nun kannst du die resultierenden Gleichungen aus den ersten beiden Punkten komplett berechnen, weil beide Gleichungen nur noch zwei Variablen haben. Du erhältst also die Lösung für zwei Variablen.
4. Setze diese beiden Variablen in eine der drei Ausgangsgleichungen ein und löse nach der verbleibenden Variablen auf.

Beachte:

1. Die römischen Ziffern vor den Gleichungen sind nur Bezeichnungen! Du könntest auch „a, b und c“ oder auch einfach gar nichts hinschreiben. Ich würde dir aber für eine bessere Übersicht empfehlen, die Gleichungen zu bezeichnen.
2. Im Schaubild wird aus den ersten beiden und aus den letzten beiden Gleichungen die zweite Variable eliminiert. Es ist aber äußerst wichtig, dass du verstehst, dass dies nicht zwingend notwendig ist! Man könnte z.B. auch die erste und dritte Gleichung und die zweite und dritte Gleichung nehmen und die erste Variable statt der zweiten.

Aufgaben zum Üben findest du auf Seite 118.

Potenzen und Wurzeln

Potenzen

Bisher hast du schon die Potenzen 1 und 2 kennengelernt. Lineare Funktionen sind sozusagen Potenzen ersten Grades, weil bei dem x eine „hoch 1“ stehen könnte. Natürlich steht da nicht x^1, weil die 1 da oben überflüssig ist: $x^1 = x$. Dann hast du noch die quadratischen Funktionen kennengelernt, das sind Potenzen zweiten Grades, weil da eine „hoch 2“ beim x steht, also x^2. Und natürlich können da auch höhere Zahlen stehen.

Wie mit diesen Potenzen gerechnet wird und wie die Graphen dieser Funktionen aussehen, das lernst du in diesem Kapitel.

Potenzgesetze

Ich erkläre dir schon mal, wie du mit Potenzen rechnest und wie die Funktionen aussehen. Nur die Gleichungen mit Potenzen kann ich dir noch nicht erklären, weil dafür Wurzeln benötigt werden. Die erkläre ich danach.

In Potenzen wird ausgedrückt, dass eine Zahl mehrere Male mit sich selbst multipliziert wird: $a^3 = a \cdot a \cdot a$. Die folgenden Rechenregeln sind wirklich nichts Neues. Es sind einfache Tatsachen, die du schon kennst, vereinfacht und verallgemeinert hingeschrieben. Die Bespiele rechne ich dir extra einmal ohne die Regel und einmal mit der Regel vor. So siehst du, dass du eigentlich auch alles ohne die Regeln rechnen kannst, es aber einfacher ist, mit den Regeln zu rechnen.

Zwei Besonderheiten bei Potenzen

will ich nicht unerwähnt lassen:

$a^0 = 1$, bedeutet, dass jede Zahl hoch 0 gleich 1 ist.

$a^1 = a$, bedeutet, dass jede Zahl hoch 1 gleich die Zahl ist. Deswegen wird das „hoch 1“ eigentlich nie hingeschrieben.

Und nun zu den Rechenregeln:

Gleiche Basis

Bei den folgenden Regeln musst du beachten, dass die Basis gleich ist. Als Basis wird die Zahl unter der Hochzahl bezeichnet. Also in unserem Fall das a.

$$a^n \cdot a^m = a^{n+m}$$

Wenn das gegeben ist, werden die Exponenten addiert.

Ohne Regel

$$\begin{aligned} & \quad 8^2 \cdot 8^3 \\ &= \underbrace{8 \cdot 8}_{} \cdot \underbrace{8 \cdot 8 \cdot 8}_{} \\ &= 8^5 \end{aligned}$$

Mit Regel

$$\begin{aligned} & \quad 8^2 \cdot 8^3 \\ &= 8^{2+3} \\ &= 8^5 \end{aligned}$$

Bei so kleinen Hochzahlen wie 2 und 3 kommt der Nutzen der Regel natürlich nicht ganz so stark zum Ausdruck. Aber jetzt stell dir mal vor, du müsstest $8^{23} \cdot 8^{17}$ ausrechnen. Glaube mir, dann bist du froh, wenn du weißt, dass du die Exponenten nur addieren musst und nicht 40 mal die 8 hinschreiben und dann zu zählen, wie oft sie da steht ;)

Und was für das Rechenzeichen „mal" gilt, gilt meistens auch in umgekehrter Weise für das Rechenzeichen „geteilt".

Exponenten mit gleicher Basis in einem Bruch können subtrahiert werden:

$$\frac{a^n}{a^m} = a^{n-m} \text{ für } a \neq 0$$

Was denkst du, warum a nicht 0 sein darf? Richtig, weil durch 0 nicht geteilt werden kann und 0 hoch irgendeine Zahl immer 0 ergibt.

Ohne Regel

$$\frac{2^4}{2^2}$$
$$= \frac{2 \cdot 2 \cdot \cancel{2} \cdot \cancel{2}}{\cancel{2} \cdot \cancel{2}} \qquad |\ kürzen$$
$$= 2^2$$

Mit Regel

$$\frac{2^4}{2^2}$$
$$= 2^{4-2}$$
$$= 2^2$$

Logisch, oder?

Eine dritte Regel bei gleicher Basis gibt es noch: Potenzen werden potenziert, indem die Exponenten miteinander multipliziert werden:

$$(a^n)^m = a^{n \cdot m}$$

Ohne Regel

$$(2^2)^3$$
$$= (2 \cdot 2) \cdot (2 \cdot 2) \cdot (2 \cdot 2)$$
$$= 2^6$$

Mit Regel

$$(2^2)^3$$
$$= 2^{2 \cdot 3}$$
$$= 2^6$$

Gleicher Exponent

Ab hier ist die Basis nicht mehr gleich, dafür aber der Exponent.

Potenzen mit gleichem Exponenten werden multipliziert indem die Basen multipliziert werden.

$$a^n \cdot b^n = (a \cdot b)^n$$

Ohne Regel

$$4^3 \cdot 2^3$$
$$= (4 \cdot 4 \cdot 4) \cdot (2 \cdot 2 \cdot 2)$$
$$= (4 \cdot 2) \cdot (4 \cdot 2) \cdot (4 \cdot 2)$$
$$= (4 \cdot 2)^3$$

Mit Regel

$$4^3 \cdot 2^3$$
$$= (4 \cdot 2)^3$$

Noch eine kurze Erklärung zum Rechnen ohne Regel. Es ist schließlich egal in welcher Reihenfolge du die Zahlen multiplizierst. Deswegen ist die Umformung von Zeile 2 zu Zeile 3 korrekt.

Und auch das funktioniert natürlich wieder mit einem Bruchstrich:

Potenzen mit gleichem Exponent werden dividiert indem die Basen dividiert werden.

$$\frac{a^n}{b^n} = \left(\frac{a}{b}\right)^n$$

Ohne Regel

$$\frac{4^3}{2^3}$$
$$= \frac{4 \cdot 4 \cdot 4}{2 \cdot 2 \cdot 2}$$
$$= \frac{4}{2} \cdot \frac{4}{2} \cdot \frac{4}{2}$$
$$= \left(\frac{4}{2}\right)^3$$

Mit Regel

$$\frac{4^3}{2^3}$$
$$= \left(\frac{4}{2}\right)^3$$

Du hast nun deutlich gesehen, dass alle Potenzregeln an sich nichts Neues sind. Die Regeln sind viel mehr Abkürzungen zum Ergebnis.

Wissenschaftliche Schreibweise

Darüber hinaus solltest du noch wissen, wie die wissenschaftliche Schreibweise für hohe Zahlen lautet.

Beispiel: Die Entfernung von der Erde zur Sonne beträgt ca 150.000.000 km. Also 150 Mio. Kilometer. Das könnte auch so geschrieben werden:

$150 \cdot 10^6$ km. Die 6 Nullen können einfach als 10^6 geschrieben werden.

Es kommt auch häufig vor, dass nur eine Zahl vor dem Komma stehen bleibt: Versuch es mal mit dieser Zahl – aber verzähle dich nicht ☺

Beispiel: 37620065

Lösung: $3{,}7620065 * 10^7$

Oftmals werden solche Zahlen gerundet auf eine angegebene Anzahl der Stellen hinter dem Komma (ansonsten würde es ja auch gar keinen Sinn machen sehr hohen Zahlen so anzuschreiben). Das würde dann einfach so aussehen (bei 3 Stellen hinter dem Komma):

$3{,}762 \cdot 10^7$

Zusammenfassung (Potenzgesetze)

Es ist äußerst wichtig, dass du verstehst, dass die Potenzgesetze nicht irgendwo weit hergeholt sind. Sie kürzen den bekannten Rechenweg einfach nur etwas ab.

	Multiplikation	Division	Potenzieren
Gleiche Basis	$a^n \cdot a^m = a^{n+m}$	$\frac{a^n}{a^m} = a^{n-m}$	$(a^n)^m = a^{n \cdot m}$
Gleicher Exponent	$a^n \cdot b^n = (a \cdot b)^n$	$\frac{a^n}{b^n} = \left(\frac{a}{b}\right)^n$	

Aufgaben findest du auf Seite 118.

Potenzfunktionen

Wie schon erwähnt, geht es nach den linearen und quadratischen Funktionen weiter. Die linearen Funktionen sind durch das x^1 gekennzeichnet (auch wenn die *hoch* 1 nicht geschrieben wird) und die quadratischen Funktionen besitzen ein x^2. Du kannst dir sicher vorstellen, dass es auch Funktionen mit einem x^3, x^4, x^5 usw. gibt. Die Graphen dieser Funktionen will ich dir zeigen. Den jeweiligen Term schreibe ich zum Schaubild dazu. Findest du Gemeinsamkeiten zwischen manchen Funktionstermen und deren Schaubildern?

$f(x) = x$

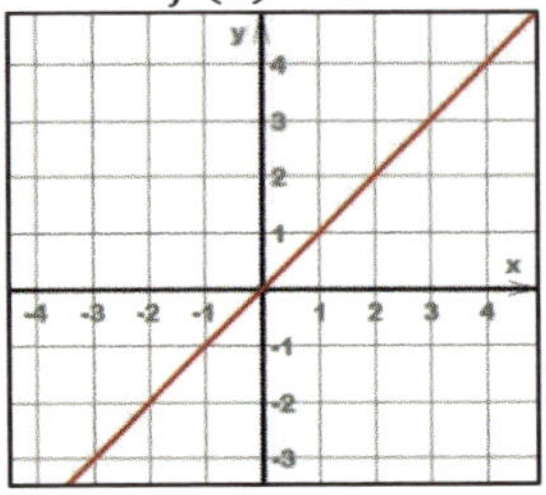

$f(x) = x^2$

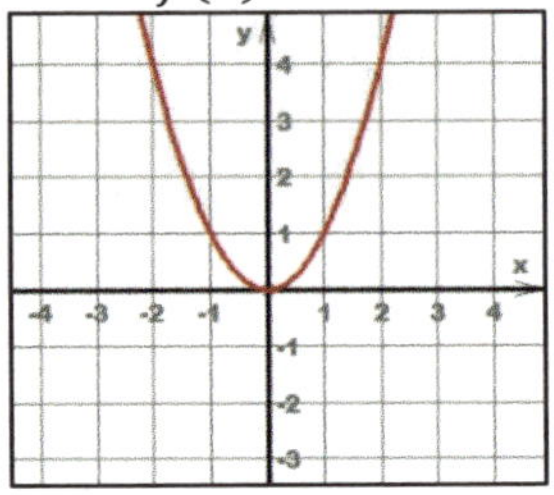

$f(x) = x^3$

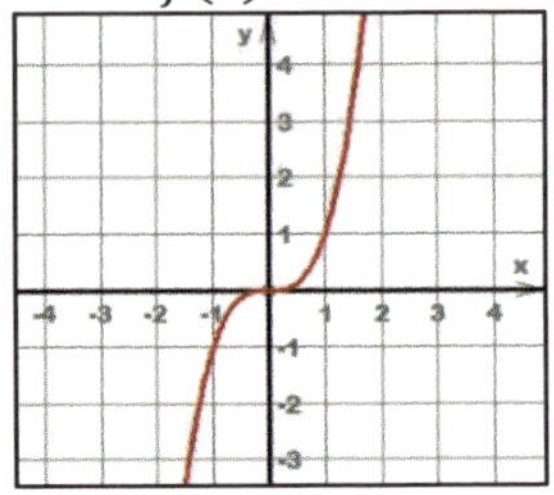

$f(x) = x^4$

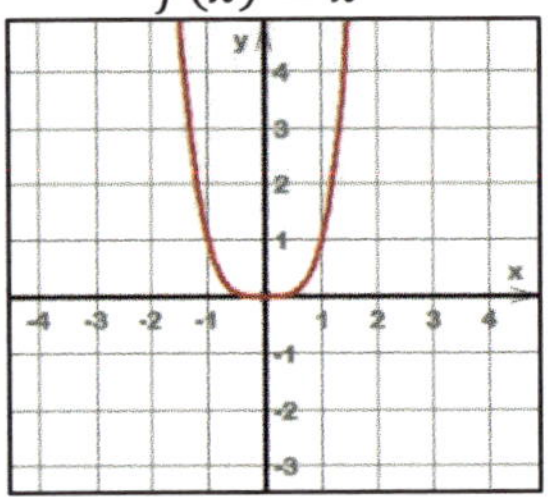

$f(x) = x^5$

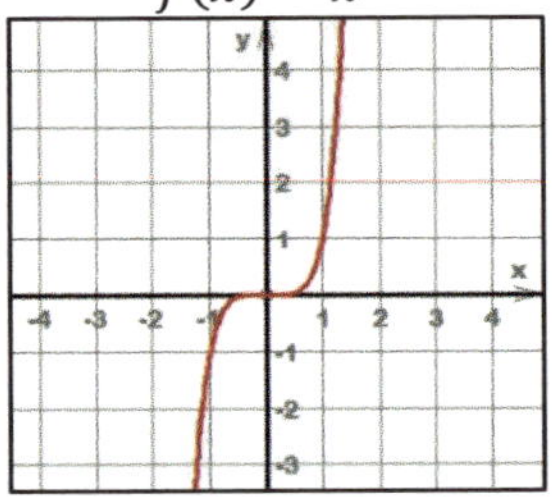

$f(x) = x^6$

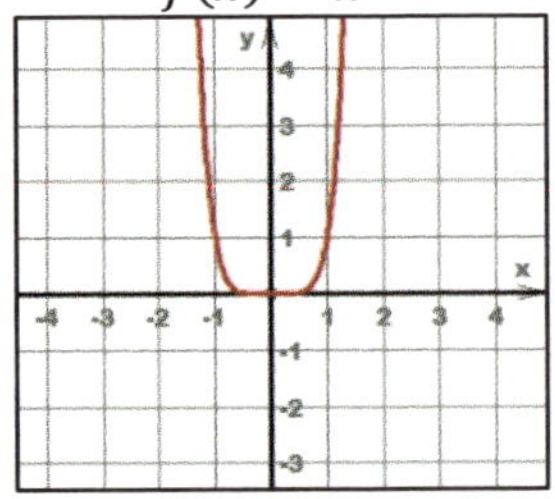

Ist dir aufgefallen, dass sich die Graphen der Funktionen mit ungeraden bzw. die Graphen der Funktionen mit Geradem Exponenten ähneln? Schau mal, die Graphen der Funktionen mit ungeradem Exponenten verlaufen von unten nach oben und sind somit punktsymmetrisch zum Ursprung. Die Graphen der Funktionen mit geradem Exponenten kommen von oben und hauen nach oben hin auch wieder ab. Sie sind achsensymmetrisch zur y-Achse.

Natürlich könnten auch diese Graphen, wie du es bei der Parabel schon kennengelernt hast, hinsichtlich ihrer Form und Position im Koordinatensystem manipuliert werden. Doch darauf gehe ich in diesem Buch nicht weiter ein, sondern verweise auf mein Buch „Mathe für Antimathematiker – Analysis“. Dort steht alles Wichtige ausführlich erklärt drin.

Wurzeln

Im Grunde ist das Ziehen einer Wurzel das Gegenteil von dem, was du beim Rechnen mit Potenzen machst, genauso wie Plusrechnen das Gegenteil vom Minusrechnen ist und das Malrechnen das Gegenteil vom Geteiltrechnen.

Lernen wir kurz die Begrifflichkeiten.

„Die Wurzel ziehen“ bedeutet „radizieren“. Die Zahl unter der Wurzel wird als „Radikand“ bezeichnet.

Beispiel: $x^2 = 25$

Wie könntest du diese Gleichung nun lösen? Du suchst eine Zahl, die mit sich selbst malgenommen 25 ergibt. Hier kommt die Wurzel ins Spiel:

$x^2 = 25 \qquad |\sqrt{\ }$
$\sqrt{x^2} = \sqrt{25}$
$x_{1/2} = \pm 5$

Dir ist jetzt wahrscheinlich aufgefallen das das Ergebnis zwei Werte hat. Das liegt daran, dass nicht nur $(+5) \cdot (+5) = 25$, sondern auch $(-5) \cdot (-5) = 25$. Du weißt ja: Minus mal Minus ergibt Plus. Deswegen gibt es beim Ziehen der Wurzel zwei Lösungen, die positive und die negative. Sehen wir uns das an noch einem Beispiel an:

$x^2 - 9 = 0 \qquad | + 9 \qquad |\sqrt{\ }$
$\sqrt{x^2} = \sqrt{9}$
$x_{1/2} = \pm 3$

Eine Besonderheit gibt es noch: Die Zahl unter der Wurzel darf **nicht** negativ sein! Nehmen wir mal die Gleichung. Oder was denkst du, was die Wurzel aus -25 sein könnte? $\sqrt{-25} = ?$

$+5$ kann es nicht sein, denn $5 \cdot 5 = 25$ und -5 kann es auch nicht sein, denn $(-5) \cdot (-5) = 25$. Somit kannst du nie auf ein negatives Ergebnis kommen und deswegen, kannst du auch keine Wurzel aus negativen Zahlen ziehen.

Ok, nun hast du zum Einstieg die „normale" Wurzel kennengelernt. Wenn das Wurzelzeichen $\sqrt{}$ ohne weitere Zahl, wie zum Beispiel $\sqrt[3]{}$, dasteht, ist damit die Quadratwurzel gemeint. Das bedeutet, dass $\sqrt{} = \sqrt[2]{}$. Aber wie würdest du diese Gleichung lösen?

$$27 = x^3$$

Die normale Quadratwurzel hilft dir hier nicht weiter, weil du diese nur bei „hoch 2" anwenden kannst. Bei dem genannten Beispiel musst du die dritte Wurzel bzw. Kubikwurzel ziehen. Also, welche Zahl muss drei mal mit sich selbst mal genommen werden, sodass 27 rauskommt?

$$\begin{aligned} x^3 &= 27 \quad | \sqrt[3]{} \\ \sqrt[3]{x^3} &= \sqrt[3]{27} \\ x &= 3 \end{aligned}$$

Zur Kontrolle: $3 \cdot 3 \cdot 3 = 27$, passt also.

Anders als bei der Quadratwurzel, können bei der Kubikwurzel auch negative Zahlen unter der Wurzel stehen:

$\sqrt[3]{-27} = -3$, weil $(-3)^3 = (-3) \cdot (-3) \cdot (-3) = -27$

Wurzelgesetze

Zum Rechnen mit Wurzeln solltest du unbedingt die Wurzelgesetze aus diesem Kapitel kennen. Lass mir dir aber erst einige besondere Wurzelarten vorstellen:

$\sqrt[1]{a} = a$	Einfach zu merken, weil $x^1 = x$
$\sqrt[2]{a} = \sqrt{a}$	So eine Wurzel wird als „Quadratwurzel" bezeichnet. Die 2 wird üblicherweise nicht angeschrieben.
$\sqrt[3]{a}$	Bei dieser Wurzel handelt es sich um eine „Kubikwurzel". Die 3 wird als Wurzelexponent bezeichnet.

Mit Wurzeln addieren oder subtrahieren

Hier ist Vorsicht geboten. Es ist nicht möglich eine Summe oder Differenz unter einer Wurzel einfach getrennt hinzuschreiben.

Beispiel:

Richtig	**Falsch**	
$\sqrt{16+9}$	$\sqrt{16+9}$	
$=\sqrt{25}$	$=\sqrt{16}+\sqrt{9}$	↯ *Hier ist der Fehler*!
$=5$	$=4+3$	
	$=7$	

Und dasselbe gilt für eine Differenz:

Richtig	**Falsch**	
$\sqrt{25-9}$	$\sqrt{25-9}$	
$=\sqrt{16}$	$=\sqrt{25}-\sqrt{9}$	↯ *Hier ist der Fehler*!
$=4$	$=5-3$	
	$=2$	

Mit Wurzeln multiplizieren

Sehen wir uns das Multiplizieren an. Hier gelten die Voraussetzungen, dass die Wurzelexponenten gleich sein sollten und das $a \cdot b \geq 0$ sein muss. Die allgemeine Formel lautet:

$$\sqrt[n]{a} \cdot \sqrt[n]{b} = \sqrt[n]{a \cdot b}$$

Beispiele

$\sqrt{3} \cdot \sqrt{5} = \sqrt{3 \cdot 5} = \sqrt{15}$

$\sqrt[4]{6} \cdot \sqrt[4]{2} = \sqrt[4]{6 \cdot 2} = \sqrt[4]{12}$

Das könnte dir helfen große Zahlen erstmal etwas zu vereinfachen.

$\sqrt{16900} = \sqrt{169 \cdot 100} = \sqrt{169} \cdot \sqrt{100} = 13 \cdot 10 = 130$

Mit Wurzeln dividieren

Wie immer funktioniert das Dividieren genauso wie das Multiplizieren.

$$\frac{\sqrt[n]{a}}{\sqrt[n]{b}} = \sqrt[n]{\frac{a}{b}}$$

Beispiele

$\frac{\sqrt{18}}{\sqrt{2}} = \sqrt{\frac{18}{2}} = \sqrt{9} = 3$

$\frac{\sqrt[3]{32}}{\sqrt[3]{4}} = \sqrt[3]{\frac{32}{4}} = \sqrt[3]{8} = 2$

Diese Umformung macht natürlich nur Sinn, wenn unter der Wurzel Zahlen standen, aus denen die Wurzel nicht sofort gezogen werden konnte. In den Beispielen sind das $\sqrt{18}$, $\sqrt{2}$, $\sqrt[3]{32}$ und $\sqrt[3]{4}$. Keine davon kann einfach so gelöst werden und deswegen hat die Umformung Sinn gemacht. Aber schau dir mal dieses Beispiel an:

$\frac{\sqrt{16}}{\sqrt{9}} = \frac{4}{3}$

Hier hätte es keinen Sinn gemacht, die Wurzel um den Bruch zu schreiben:

$\frac{\sqrt{16}}{\sqrt{9}} = \sqrt{\frac{16}{9}}$

Weiter könntest du es nämlich nicht vereinfachen.

Mit Wurzeln potenzieren

Das Potenzieren mit Wurzeln ist ziemlich leicht. Im Grunde wird nur der Radikand potenziert. Hier einmal die allgemeine Formel:

$$\left(\sqrt[n]{a}\right)^m = \sqrt[n]{a^m}$$

Beispiele

$(\sqrt{2})^3 = \sqrt{2^3} = \sqrt{8}$

$(\sqrt[4]{5})^4 = \sqrt[4]{5^4} = \sqrt[4]{625}$

Mit Wurzeln radizieren

Weißt du noch was „radizieren" bedeutet? ☺ Ja genau, du kannst auch die Wurzel aus einer Wurzel ziehen. Dabei werden die Wurzelexponenten multipliziert. Wie das funktioniert zeigt dir erstmal folgende allgemeine Formel:

$$\sqrt[m]{\sqrt[n]{a}} = \sqrt[m \cdot n]{a}$$

Beispiele

$\sqrt{\sqrt{25}} = \sqrt[2 \cdot 2]{25} = \sqrt[4]{25}$

Vergiss nicht: $\sqrt{a} = \sqrt[2]{a}$

$\sqrt[4]{\sqrt[6]{2}} = \sqrt[4 \cdot 6]{2} = \sqrt[24]{2}$

Wurzel als Potenz

Wusstest du, dass du Wurzeln und Pozenzen eigentlich dasselbe sind? Es sind wieder mal nur andere Schreibweisen. Du könntest nämlich $\sqrt{9}$ auch so schreiben: $9^{\frac{1}{2}}$. Teste es mal mit deinem Taschenrechner aus. Die allgemeine Formel lautet:

$$\sqrt[n]{a^m} = a^{\frac{m}{n}}$$

Ich merke mir das so, dass das m immer oben steht (einmal im Exponenten und einmal im Zähler).

Beispiele

$\sqrt{x} = x^{\frac{1}{2}}$

$\sqrt[3]{7^5} = 7^{\frac{5}{3}}$

$\sqrt{4^3} = a^{\frac{3}{2}}$

Zusammenfassung (Wurzelgesetze)

1. Die Zahl unter der Wurzel wird als Radikand und den Vorgang des „Wurzel ziehen" wird als radizieren bezeichnet.
2. Ist der Radikand negativ, besitzt die (Quadrat-)Wurzel keine Lösung.
3. $\sqrt[2]{a} = \sqrt{a}.$
4. Summen und Differenzen unter einer Wurzel dürfen nicht auseinandergezogen werden: $\sqrt{16+9} \neq \sqrt{16} + \sqrt{9}$
5. $\sqrt[n]{a} \cdot \sqrt[n]{b} = \sqrt[n]{(a \cdot b)}$
6. $\frac{\sqrt[n]{a}}{\sqrt[n]{b}} = \sqrt[n]{\frac{a}{b}}$
7. $\left(\sqrt[n]{a}\right)^m = \sqrt[n]{a^m}$
8. $\sqrt[m]{\sqrt[n]{a}} = \sqrt[m \cdot n]{a}$
9. $\sqrt[n]{a^m} = a^{\frac{m}{n}}$ Wurzeln und Potenzen sind nur unterschiedliche Schreibweisen

Aufgaben zu den Wurzelgesetzen findest du auf Seite 119.

Teilweises Wurzelziehen

Das teilweise Wurzelziehen (auch partielles Wurzelziehen genannt) ist eine Möglichkeit, eine Gleichung so weit wie möglich auszurechnen, sollte dem Taschenrechner mal der Saft ausgegangen sein.

Dieser Rechenvorgang beruht auf dem Wurzelgesetz:

$$\sqrt{a^2 \cdot b} = \sqrt{a^2} \cdot \sqrt{b} = a \cdot \sqrt{b}$$

Du suchst dir ein quadratisches Element und ziehst daraus die Wurzel (radizieren). Sieh dir das anhand eines Beispiels an. Die $\sqrt{18}$ muss in einen sogenannten quadratischen Radikanden zerlegt werden (also in eine Zahl, aus der du die Wurzel im Kopf ziehen kannst). Im zweiten Schritt wird ausgerechnet, was ausgerechnet werden kann.

$$\sqrt{18} = \sqrt{9 \cdot 2} = \sqrt{9} \cdot \sqrt{2} = 3 \cdot \sqrt{2}$$

Hier gleich noch ein paar weitere Beispiele:

$\sqrt{200} = \sqrt{100 \cdot 2} = \sqrt{100} \cdot \sqrt{2} = 10 \cdot \sqrt{2}$

$\sqrt{\frac{9}{5}} = \frac{\sqrt{9}}{\sqrt{5}} = \frac{3}{\sqrt{5}}$

Aufgaben zum Üben findest du auf Seite 119.

Wurzelgleichungen

Bei einer Wurzelgleichung steht Variable x unter der Wurzel. Gleichungen, die eine Wurzel enthalten, bei denen das x allerdings nicht unter der Wurzel steht, sind im Übrigen keine Wurzelgleichungen. Siehe:

$\sqrt{x+1} = 9$ → x steht unter der Wurzel. Es ist eine Wurzelgleichung

$\sqrt{16} \cdot x + 5 = 7$ → x steht nicht unter der Wurzel; keine Wurzelgleichung

Bei Wurzelgleichungen geht es immer darum, die Wurzel weg zu bekommen. Schau dir die Beispiele genau an:

$$\sqrt{-5x+26} = x - 4 \quad | \; quadrieren$$
$$-5x + 26 = (x-4)^2 \quad | \; Binom \; ausrechnen$$
$$-5x + 26 = x^2 - 8x + 16 \quad | + 5x \quad | - 26$$
$$0 = x^2 - 3x - 10 \quad | \; pq - oder \; Mitternachtsformel \; anwenden$$
$$x_1 = 5 \quad und \quad x_2 = -2$$

Probe machen für x_1 und x_2

Probe für x1:
$\sqrt{-5 \cdot 5 + 26} = 5 - 4$
$\sqrt{1} = 1$
$1 = 1$ … ist wahr!

Probe für x2:
$\sqrt{-5 \cdot (-2) + 26} = (-2) - 4$
$\sqrt{36} = -6$
$-6 = -6$ … ist wahr!

Scheint beides wahr zu sein. Jetzt gibt es manche, die sagen, dass es keine negative Lösung beim Ziehen einer Wurzel gibt (warum die das sagen, erkläre ich auf Seite 97). In unserem Fall also, dass $\sqrt{36} = 6$ und nicht $\sqrt{36} = -6$. Dann würde die Probe für x_2 falsch sein und somit nur x_1 als Lösung gelten. Da es beide Meinungen gibt, frägst du am besten deine/n Mathelehrer/in, wie er/sie es gerne hätte. ☺

Zusammenfassung (Wurzelgleichungen)

1. Alle Wurzeln mit x auf eine Seite schmeißen
2. Quadrieren
3. Die Gleichung lösen
4. Probe machen: Nicht alle Lehrer/innen akzeptieren eine negative Lösung bei Wurzeln (Warum das manche nicht akzeptieren, erklärt sich im Kapitel Wurzelfunktion)

Wurzelfunktion

Die Wurzelfunktion ist die Umkehrfunktion der Parabel. Die Umkehrfunktion ist die Funktion, die rauskommt, wenn du x und y vertauschst bzw., wenn du dein Koordinatensystem um 90 Grad nach rechts drehst.

$f(x) = x^2$

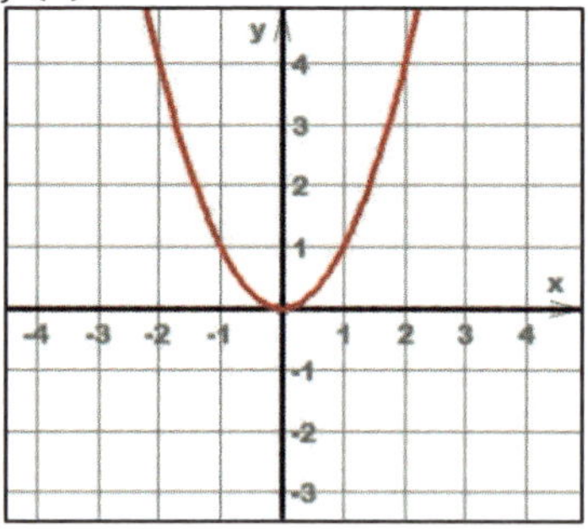

$f(x) = \sqrt{x}$

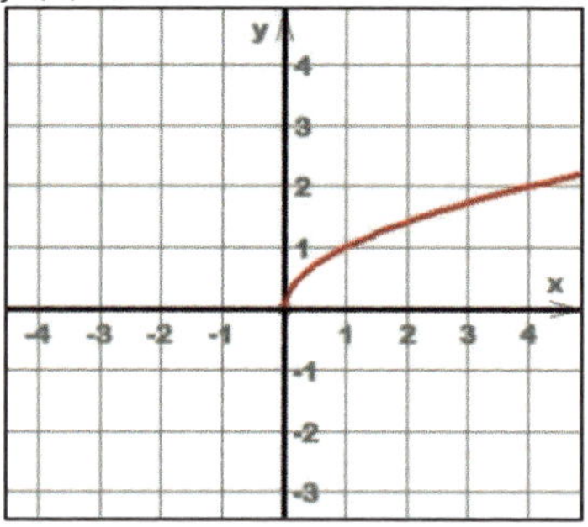

Stell dir vor, du würdest den Graphen der Parabel nehmen und um 90 Grad nach rechts kippen. Als Ergebnis erhältst du die Wurzelfunktion.

Nun ist dir sich auch aufgefallen, dass die Wurzelfunktion ja nur eine Hälfte der Parabel abbildet. Was ist mit der zweiten Hälfte?! Da will ich dich an die Definition einer Funktion auf Seite 50 erinnern: Zu jedem x-Wert gibt es GENAU EINEN y-Wert. Wenn also die zweite Hälfte auch noch eingezeichnet worden wäre, würde es für jeden x-Wert (außer null) zwei y-Werte geben und damit wäre es keine Funktion mehr. Und das ist auch der Grund, warum manche sagen, dass die Lösung von z.B. $\sqrt{9}$ nur $+3$ und nicht -3 ist. Das hat mit der Definition von einer Funktion zu tun.

Exponenten und Logarithmus

Nochmal kurz zur Wiederhlung paar Begrifflichkeiten:

Die Hochzahl ist der Exponent (blau). Die Basis ist die Zahl, die potenziert wird, in unserem Fall ist das die 2 (orange) und alles zusammen wird als Potenz bezeichnet (grün).

$$2^8$$

Bisher hast du bei den Potenzen kennengelernt, dass der Exponent eine Zahl ist und die Basis eine Variable, z.B. x^2. Bei Exponentialgleichungen bzw. Exponentialfunktionen wird der Spieß umgedreht. Nun ist die Basis eine Zahl und der Exponent eine Variable, z.B. 2^x.

Exponentialfunktionen

Bei einer Exponentialfunktion steht unser x im Exponenten. Die allgemeine Form einer Exponentialfunktion sieht wie folgt aus:

$$f(x) = c \cdot a^x$$

Bei der Formel bedeuten die einzelnen Elemente:

- $c \in \mathbb{R}$ und steht für eine Konstante. Sie ist der Anfangswert.
- $a \in \mathbb{R}^+$ die Basis bzw. der Wachstumsfaktor
- x ist natürlich unsere Variable.

Beim Wachstumsfaktor wirst du zwei Fälle feststellen

1. Wachstumsfaktor ist ein Wert zwischen 0 und 1: $0 < a < 1$
2. Wachstumfaktor ist ein Wert größer als 1: $a > 1$

Wenn der Wachstumsfaktor zwischen 0 und 1 liegt, sprechen wir von einer exponetiellen Abnahme bzw. von einem exponentiellen Zerfall. Wenn der Wachstumsfaktor größer als 1 ist, sprechen wir von einer exponentiellen Zunahmen oder einem exponentiellen Wachstum. Die Grafik zeigt dir den Unterschied. Wir betrachten die Graphen von links nach rechts. $y = \left(\frac{1}{2}\right)^x$ ist streng monoton fallend und $y = 2^x$ ist streng monoton steigend.

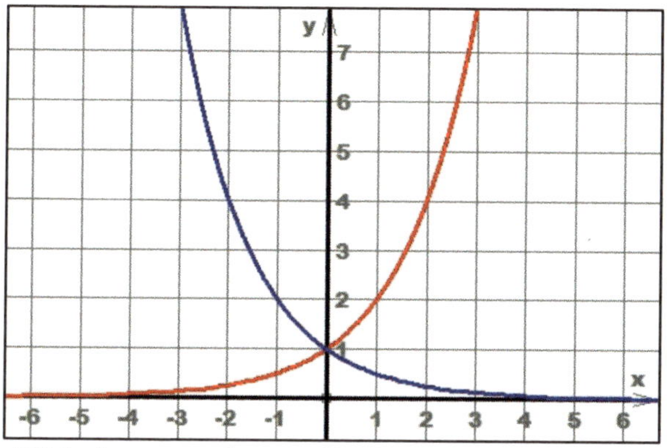

An diesem Bild kannst du vielleicht weitere Eigenschaften einer Exponentialfunktion ablesen:

- Wenn kein Anfangswert c angegeben ist, liegt der y-Achsenabschnitt bei 1. Wenn ein Anfangswert c gegeben ist, liegt der y-Achsenabschnitt bei c.
- wir haben keine Nullstellen bei Exponentialfunktionen, weil der Wertebereich immer im positiven Bereich liegt.
- Beide Graphen nähern sich der x-Achse an. So etwas wird Asymptote genannt. Die Asymptote ist eine Gerade, an die sich deine Funktion annähert – aber ohne sie jemals zu schneiden. In diesem Beispiel ist die x-Achse unsere Asymptote. Asymptoten können aber auch senkrecht und schief in deinem Koordinatensystem liegen.

Sehen wir uns als nächstes einige Beispiele an, bei denen Exponentialfunktionen zur Anwendung kommen können.

Exponentielle Zunahme am Beispiel Zinsrechnung

Bei der exponentiellen Zunahme geht es darum, dass etwas von Zeit zu Zeit um denselben Faktor mehr wird. Betrachten wir das am Beispiel Zinsrechnung. Du kannst dein Taschengeld oder das, was du in einem Praktikum bekommst, auf die Bank bringen und anlegen. Nachdem es dort eine Weile unangetastet gelegen ist, bekommst du Zinsen. Das ist ein prozentueller Aufschlag zu dem was du ursprünglich eingelagert hast – je länger du wartest, desto mehr bekommst du dafür.

Nehmen wir an, du hast durch ein Praktikum im Sommer 800 Euro verdient. Das ist deine Konstante (dein Anfangswert) c. Dein Zinssatz beträgt $p = 1{,}5\%$ - das ist der prozentuelle Aufschlag nach einem Jahr. Um die Frage zu beantworten, wie viel Geld nach einem Jahr auf deinem Konto liegt, könntest du auf zwei verschiedene Weisen rechnen. Ich will hier nicht Prozentrechnen erklären, deswegen gehe ich da schnell durch:

1. 1,5% von 800 € berechnen und dann auf die 800€ dazu addieren:
   $800\,€ \cdot 1{,}5\% = 800\,€ \cdot 0{,}015 = 12\,€$
   $800\,€ + 12\,€ = 812\,€$
2. Anstatt erst die 1,5% zu berechnen und in einem zweiten Schritt diese 1,5% auf die vorhandenen 800 € dazu zu addieren, könntest du auch sofort die 1,5% zu den 100% addieren (800 € entsprechen 100%).
   $$\begin{aligned} & 800\,€ \cdot (100\% + 1{,}5\%) \\ = {} & 800\,€ \cdot (1 + 0{,}015) \\ = {} & 800\,€ \cdot 1{,}015 \\ = {} & 812\,€ \end{aligned}$$

Mit ein bisschen Übung ist der zweite Weg immer der schnellere, weil du nur eine Gleichung berechnest und nicht zwei. Und genau diesen Weg solltest du verstanden haben, weil dieser bei Exponentialfunktionen gebraucht wird.

Das Wichtige hierbei ist die Bestimmung des Wachstumsfaktors. Also die Zahl unter dem x. Bei einer exponentiellen **Zunahme**, musst du hier den gegebenen Prozensatz auf die 1 **addieren**. Vom Beispiel eben: $1 + 0{,}015$.

Anders ist es bei der exponentiellen Abnahme.

Exponentielle Abnahme am Beispiel Inflation

Durch die Inflation nimmt der Wert des Geldes ab. Gehen wir von einer Inflation von 1,9% aus. Dann bedeutet es, dass 10.000 € in einem Jahr 1,9% weniger wert sein werden als heute. Auch das könntest du nun auf verschiedene Weisen rechnen. Ich will hier nicht Prozentrechnen erklären, deswegen gehe ich da schnell durch:

1. 1,9% von 10.000 € berechnen und dann abziehen:
   $10.000\,€ \cdot 1{,}9\% = 10.000\,€ \cdot 0{,}019 = 190\,€$
   $10.000\,€ - 190 = 9.810\,€$
2. Anstatt erst die 1,9% zu berechnen und in einem zweiten Schritt diese 1,9% von den vorhandenen 10.000 € zu subtrahieren, könntest du auch sofort die 1,9% von den 100% subtrahieren (10.000 € entsprechen 100%).
   $$\begin{aligned} & 10.000\,€ \cdot (100\% - 1{,}9\%) \\ = & 10.000\,€ \cdot (1 - 0{,}019) \\ = & 10.000\,€ \cdot 0{,}981 \\ = & 9.810\,€ \end{aligned}$$

Um exponetielle Zu- oder Abnahme verstehen zu können, musst du den zweiten Weg verstanden haben!

Das Wichtige hierbei ist die Bestimmung des Wachstumsfaktors. Also die Zahl unter dem x. Bei einer exponentiellen **Abnahme**, musst du hier den gegebenen Prozensatz von 1 **subtrahieren**. Vom Beispiel eben: $1 - 0{,}019$.

Zusammenfassung (Exponentialfunktionen)

1. Die Hochzahl wird Exponent genannt, die Zahl, die potenziert wird, wird als Basis bzw. Wachstumsfaktor bezeichnet und alles zusammen ist eine Potenz.
2. Die Variable x steht im Exponenten.
3. Eine Exponentialfunktion beschreibt einen Wachstums- oder Zerfallsprozess.
4. Wachstumsfaktor bei einer Zunahme: $a = 1 + p\%$
5. Wachstumsfaktor bei einer Abnahme: $a = 1 - p\%$

Du weißt nun, wie Exponentialfunktionen aussehen und dass sie sowohl steigend als auch fallend sein können. Doch wie könntest du eine Exponentialgleichung lösen? Kommen wir auf dein Konto mit den 800 € zurück. Nach wie viel Jahren, hättest du 1.000 € auf dem Konto? Die Gleichung dafür lautet: $1.000 = 800 \cdot 1{,}015^x$. Wie bekommst du das x da oben aus dem Exponenten? Dafür gibt es den

Logarithmus

Der Logarithmus ist die Umkehrfunktion einer Exponentialfunktion. Folglich dient er dazu den Exponenten zu berechnen.

$$b = a^x$$

$$x = \log_a(b)$$

Bleiben wir bei dem Beispiel mit den 800 € auf dem Konto, die mit einem Prozentsatz von 1,5% pro Jahr verzinst werden. Nach wie vielen Jahren hättest du 1.000 € auf dem Konto? Dafür muss folgende Gleichung gelöst werden:

$$1.000 = 800 \cdot 1{,}015^x \quad | : 800$$

Diese Gleichung muss erstmal so umgestellt werden, dass die Potenz alleine auf einer Seite steht.

$1{,}25 = 1{,}015^x \qquad | \, log$

Sehr gut. Und nun kann der Logarithmus angewandt werden.

$x = \log_{1,015}(1{,}25)$

Sprich: „x ist gleich der Logarithmus von 1,25 zur Basis 1,015."

Der Logarithmus holt dir das x aus dem Exponenten runter. Damit bist du eigentlich schon fertig, weil $\log_{1,015}(1{,}25)$ mit dem Taschenrechner berechnet werden kann.

Bei manchen Taschenrechnern kannst du den Ausdruck nicht komplett eingeben, weil du eine einfache Taste „log" hast. Dann musst du wie folgt vorgehen:

1. die Zahl in der Klammer eingeben: 1,25
2. auf „log" drücken → dein Taschenrechner zeigt dir nun das Ergebnis von $\log_{10}(1{,}25)$
3. auf „÷" drücken
4. die Zahl unten beim log eingeben: 1,015
5. auf „log" drücken → dein Taschenrechner zeigt dir nun das Ergebnis von $\log_{10}(1{,}015)$
6. auf „=" drücken → nun siehst du das Ergebnis von $\log_{1,015}(1{,}25)$

Der Hintergrund ist einfach dieser, dass manche Taschenrechner den Logarithmus immer zur Basis 10 berechnen. Und dann ist es mathematisch einfach so, dass $\log_a(b) = \frac{\log_{10}(b)}{\log_{10}(a)}$.

Ok, nun weißt du, wozu der Logarithmus gut ist, wie du ihn anwenden kannst und wie du ihn in den Taschenrechner eingibst. Jetzt gibt es auch Terme, die aus mehreren Logarithmen bestehen, die zusammengefasst werden könnten. Doch dafür benötigst du die Rechengesetze:

Rechenregeln zum Logarithmus

Gleichungen sind leider nicht immer so leicht aufgebaut, wie wir sie gerade eben betrachtet haben. Für den Logarithmus gibt es daher auch einige Rechenregeln. Wie du vielleicht schon bemerkt hast, ist der Logarithmus das Gegenteil der Exponentialfunktion (die Basis muss gleich sein!). Mit dem Logarithmus kannst du also Exponentialgleichungen lösen.

Aber kommen wir erstmal zu einigen Sonderregeln. Lerne diese am besten auswendig, denn sie werden bestimmt in der einen oder anderen Form in einem Test vorkommen.

$\log(0) = nicht\ definiert$

$\log(1) = 0$

$log_a(a) = 1$ z.B.: $log_3(3) = 1$

Und nun die Rechenregeln.

Regel	Beispiel
$\mathbf{\log(a) + \log(b) = \log(a \cdot b)}$	$\log(2) + \log(6) = \log(12)$
$\mathbf{\log(a) - \log(b) = \log(a : b)}$	$\log(12) - \log(6) = \log(2)$
$\mathbf{\log(a^b) = b \cdot \log(a)}$	$\log(5)^7 = 7 \cdot \log(5)$
$\mathbf{\log_a(b) = \frac{\log(b)}{\log(a)}}$ (Basiswechsel)	$\log_3(8) = \frac{\log(8)}{\log(3)}$

Aufgaben zum Üben findest du auf Seite 121.

Besondere Logarithmen

Es gibt drei Logarithmen, die ihre eigene Bezeichnung bekommen haben. Diese will ich hier erwähnen, damit du es mal gesehen hast und es dich in Zukunft somit nicht verwirren kann.

1. Der binäre Logarithmus oder Logarithmus dualis ist der Logarithmus zur Basis 2 und wird mit ld abgekürzt. $\log_2(a) = ld(a)$

2. Der dekadische Logarithmus ist der Logarithmus zur Basis 10 und wird mit lg abgekürzt. $\log_{10}(a) = lg(a)$
3. Der natürliche Logarithmus ist der Logarithmus zur Basis e (Euler'sche Zahl – lernst du in der Oberstufe) und wird mit ln abgekürzt. $\log_e(a) = ln(a)$

Zusammenfassung (Logarithmus)

1. Der Logarithmus holt das x aus dem Exponenten
2. Ist die Umkehrfunktion der Exponentialfunktion.
3. $\log_a(b)$ – Sprich: „Der Logarithmus von b zur Basis a."
4. Rechenregeln
   a. $\log(0) = nicht\ definiert$
   b. $\log(1) = 0$
   c. $\log_{\mathrm{a}}(a) = 1$
   d. $\log(a) + \log(b) = \log(a \cdot b)$
   e. $\log(a) - \log(b) = \log\,(a{:}\,b)$
   f. $\log(a^b) = \ b \cdot \log(a)$
   g. $\log_a(b) = \frac{\log(b)}{\log(a)}$
5. Besondere Logarithmen
   a. Logarithmus Dualis: $\log_2(a) = \mathrm{ld}(a)$
   b. Dekadischer Logarithmus: $\log_{10}(a) = \lg(10)$
   c. Natürlicher Logarithmus: $\log_e(a) = \ln(a)$

Exponentialgleichungen

Da du nun den Logarithmus kennst, könntest du jetzt auch Exponentialgleichungen lösen. Denn in den meisten Fällen musst du das x aus dem Exponenten runter holen. Beispiel:

$2^{3x} - 512 = 0 \qquad | + 512$

Wir müssen zuerst die Gleichung auf die Form $a^x = b$ bringen!

$2^{3x} = 512 \qquad | \lg$

$3x = \frac{\lg(512)}{\lg(2)} \qquad | \ mit\ dem\ Taschenrechner\ ausrechnen$

$3x = 9 \qquad | :3$

$x = 3$

Exponentialgleichungen lösen durch Exponentenvergleich

Nun könntest du auch mal Gleichungen sehen, da steht das x mehrmals im Exponenten und die Basis dazu ist gleich. Dann kannst du einfach ohne den Logarithmus anwenden zu müssen, direkt die Exponenten gleichsetzen:

$3^{2x+1} = 3^{x-7}$ | gleiche Basis → Exponentenvergleich
$2x + 1 = x - 7$ $|-x$ $|-1$
$x = -8$

Aufgaben findest du auf Seite 120.

Aufgaben

Absolute Basics

Brüche und Dezimalzahlen – eine Welt

Es ist wirklich wichtig, dass du verstehst, dass Brüche und Dezimalzahlen nur verschieden Ausdrucksweisen einer Zahl sind.

Aufgabe 1

Berechne ohne Taschenrechner und gib die Lösung sowohl als Bruch als auch als Dezimalzahl an.

a) $6+\frac{1}{2}$
b) $6-\frac{1}{2}$
c) $1+\frac{4}{5}$
d) $1+\frac{7}{5}$
e) $0{,}75+\frac{3}{2}$
f) $4{,}\overline{6}+\frac{1}{3}$
g) $\frac{7}{8}-1$
h) $2\frac{2}{5}+0{,}5$
i) $9-\frac{5}{3}$

Die Lösungen findest du auf Seite 123.

Zusammenfassen von Termen

Aufgabe 1

Fasse die Terme soweit wie möglich zusammen.

a) $2x+5x$
b) $-x+y-8+x$
c) $3+7a-1-a^2+a$
d) $-xy+yx+x^2$
e) $x\cdot 5-2y+x+y$
f) $4pq\cdot p-4$
g) $2b-b^2\cdot b+3b^3$
h) $4t-4a+t+a$
i) $x+xy+xyz-z$

Die Lösungen findest du auf Seite 123.

Distributivgesetz (=ausmultiplizieren) und ausklammern

Aufgabe 1

Löse die Klammern auf und fasse zusammen.

a) $2(x+5x)$
b) $-x(y-8+x)$
c) $-1(-a^2+a)$
d) $3(\frac{1}{3}y+8x^2-7)$
e) $\frac{1}{2}x(\frac{1}{2}x^2-\frac{1}{2}x-x^2)$
f) $3(x-y)-7(y+x)$
g) $2b(b-b^2)+3b^3$
h) $(3-p)(q+4)$
i) $-1-2(a+9)(9-a)$

Die Lösungen findest du auf Seite 123.

Aufgabe 2

Klammere gemeinsame Faktoren aus. Kontrolliere dich selbst, indem du deine Lösung wieder ausmultiplizierst.

a) $8x + 4y$
b) $15a - 10b$
c) $3t - 9t^2$
d) $4xy + x$
e) $4a - 8b + 6c$
f) $p^2 - 5p^3$
g) $6x - 6xy + 6x^2$
h) $25p + 15pq$
i) $36x - 24y$

Die Lösungen findest du auf Seite 123.

Zahlen in Variablen einsetzen

Aufgabe 1

Setze die Zahlen $-2{,}5$, $-\frac{1}{2}$, 0, $\frac{3}{4}$, 1, 3 in den Term für x ein und vereinfache.

a) $3x + 7$
b) $-1{,}5x - 1$
c) $\frac{3}{4}x + \frac{4}{5}$

Die Lösungen findest du auf Seite 124.

Basics

Lineare Gleichungen

Aufgabe 1

Löse die Gleichung durch Äquivalentumformungen.

a) $2x = x - 7$
b) $5x + 1 = 3 - 2x$
c) $7 - x = x - 7$
d) $1{,}5x - 2 = \frac{3}{2}x + 9$
e) $0 = \frac{2}{3}x$
f) $0 - \frac{1}{4}x = 6x - 18$
g) $\frac{2}{5}x + 3 = -\frac{2}{5}x + 3$
h) $0{,}1 + \frac{3}{5}x = 0{,}6x + \frac{1}{10}$
i) $\frac{3}{7}x - \frac{1}{7} = \frac{2}{5}x + \frac{1}{3}$

Die Lösungen findest du auf Seite 124.

Aufgabe 2

a) $\frac{1}{2}x = 5$
b) $\frac{1}{3}x = 7$
c) $\frac{2}{5}x = \frac{3}{5}$
d) $\frac{2}{3}x + \frac{5}{6} = \frac{1}{3} + \frac{5}{3}x$
e) $0{,}4 - \frac{2}{5} = x$
f) $0{,}125 = x + \frac{1}{8}$
g) $\frac{4}{7}x - 5 = 0$
h) $\frac{4}{5} + \frac{1}{2}x = \frac{3}{8}$
i) $2{,}75 - \frac{3}{4} = x + 1$

Die Lösungen findest du auf Seite 124.

Quadratische Gleichungen

Aufgabe 1

Löse die Gleichungen mit Hilfe einer Formel.

a) $0 = x^2 + 2x + 1$
b) $0 = x^2 - 2x + 1$
c) $0 = x^2 - x - 2$
d) $-4 = x^2 + 4x$
e) $2x^2 = 20 - 6x$
f) $2 = 0{,}5x^2 + 1{,}5x$
g) $6{,}5x = x^2 + 3$
h) $4x^2 + 16x - 48 = 0$
i) $4{,}5 = 0{,}5x^2$
j) $2x = 2x^2 - 84$
k) $21 = 3x^2 - 21x$
l) $5x = x^2$

Die Lösungen findest du auf Seite 124.

Aufgabe 2

Löse die Gleichungen, indem du ausklammerst.

a) $0 = x^2 - 5x$
b) $0 = 2x^2 - 8x$
c) $2x = x^2 - x$
d) $3x^2 + x = x^2 - 7x$
e) $2x^2 + x + 2 = 2$
f) $4x^2 - x = x - 4x^2$

Die Lösungen findest du auf Seite 125.

Aufgabe 3

Löse die Gleichungen, indem du die Wurzel ziehst.

a) $0 = 2x^2 - 32$
b) $0 = x^2 - 49$
c) $3 - 2x^2 = x^2 - 45$
d) $0{,}5x^2 - 25 = -0{,}5x^2$
e) $9 + x^2 = 2x^2 - 16$
f) $4 = x^2$

Die Lösungen findest du auf Seite 125.

Aufgabe 4

Löse die Gleichungen, wie du möchtest.

a) $5x - 13 = x^2 + 7x - 21$
b) $2x - 3x^2 = 5 - 2x^2 - 4x$
c) $7x - 2x^2 = 5x$
d) $-2x^2 + 52 = 3 - x^2$
e) $2x^2 + 3x - 0{,}75 = 5x - x^2 + 7$
f) $42 - 7x = 1 + x - x^2$
g) $64 - x^2 = 0{,}5x^2 + 32$
h) $12x + 2x^2 + x = 4x^2 - x$

Die Lösungen findest du auf Seite 125.

Binomische Formeln

Aufgabe 1

Vereinfache mit Hilfe der 1. Binomischen Formel.

a) $(a + 3)^2$
b) $(2x + 4)^2$
c) $(x + 9x)^2$
d) $3(a + 7)^2$
e) $-2(t + 1)^2$
f) $-(p^2 + q)^2$
g) $(y + 5)^2 + (y + 12)^2$
h) $(x + 5)^2 - (12 + x)^2$
i) $(ab + b)^2$

Die Lösungen findest du auf Seite 125.

Aufgabe 2

Vereinfache mit Hilfe der 2. Binomischen Formel.

a) $(a-4)^2$
b) $(3x-6)^2$
c) $(1-11x)^2$
d) $6(b-6)^2$
e) $-5(2t-1)^2$
f) $-(p^2-q)^2$
g) $(2y-5)^2+(y-13)^2$
h) $(-x-2)^2-(8-x)^2$
i) $(a^2b-3b)^2$

Die Lösungen findest du auf Seite 125.

Aufgabe 3

Vereinfache mit Hilfe der 3. Binomischen Formel.

a) $(a+1)(a-1)$
b) $(7+b)(7-b)$
c) $(2c+3)(2c-3)$
d) $4d(2+d)(2-d)$
e) $-p(5+p^2)(5-p^2)$
f) $(9x-y)(9x+y)\cdot x$
g) $(\sqrt{x}-1)(\sqrt{x}+1)$
h) $(7k+k^3)(7k-k^3)$
i) $-(q^2u+u)(q^2u-u)$

Die Lösungen findest du auf Seite 126.

Aufgabe 4

Fass zu einer binomischen Formel zusammen.

a) x^2+2x+1
b) x^2-6x+9
c) $16-x^2$
d) $64p^4-x^2y^2$
e) $25u^2-70u+49$
f) $x-y$
g) $16-8p^2+p^4$
h) $36x^2y^6+12xy^3+1$
i) $4x^2-x^{16}$

Die Lösungen findest du auf Seite 126.

Ungleichungen

Aufgabe 1

Löse die folgenden Ungleichungen

a) $x-7>5x-2$
b) $3x-9\leq 6x+4$
c) $8x+7<3x-4$
d) $12-2x>8x+7$
e) $23x-8\leq 9+66x$
f) $7x>8x$
g) $7<-9x-5$
h) $-8-7x\geq 87x+6$
i) $2x-6>8x-9$

Die Lösungen findest du auf Seite 126.

Funktionen

Definitions- und Wertemenge bzw. -bereich

Aufgabe 1

Gib zu den folgenden Funktionen sowohl die Definitions- als auch die Wertemenge an und eine Begründung dazu.

a) $f(x) = x - 15$ c) $f(x) = x^2 + 3$ e) $f(x) = -\frac{3}{2}x + 6$

b) $f(x) = x^2$ d) $f(x) = -2x^2 - 5$ f) $f(x) = 3(x+5)^2 - 7$

Die Lösungen findest du auf Seite 126.

Aufgabe 2

Gib zu den folgenden Funktionen die Definitionsmenge an und eine Begründung dazu.

a) $f(x) = \frac{1}{x}$ c) $f(x) = \sqrt{x}$ e) $f(x) = \frac{1}{x-75}$

b) $f(x) = \frac{1}{x+3}$ d) $f(x) = \sqrt{x-5}$ f) $f(x) = \sqrt{x+2}$

Die Lösungen findest du auf Seite 127.

Lineare Funktionen: $y = mx + b$

y-Achsenabschnitt

Aufgabe 1

Berechne den y-Achsenabschnitt der Funktionen.

a) $y = 2x - 7$ c) $y = \frac{3}{4}x$ e) $y = -6x + 6$

b) $y = -\frac{1}{2}x + 3$ d) $y = 6$ f) $x = -\frac{1}{4}x - \frac{78}{77}$

Die Lösungen findest du auf Seite 128.

Aufgabe 2

Gib den y-Achsenabschnitt b an.

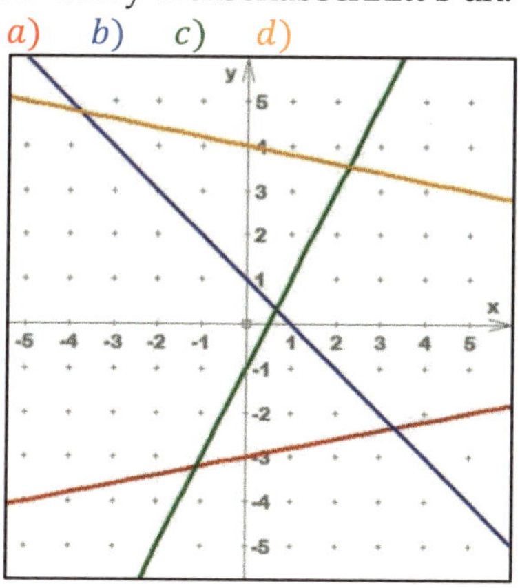

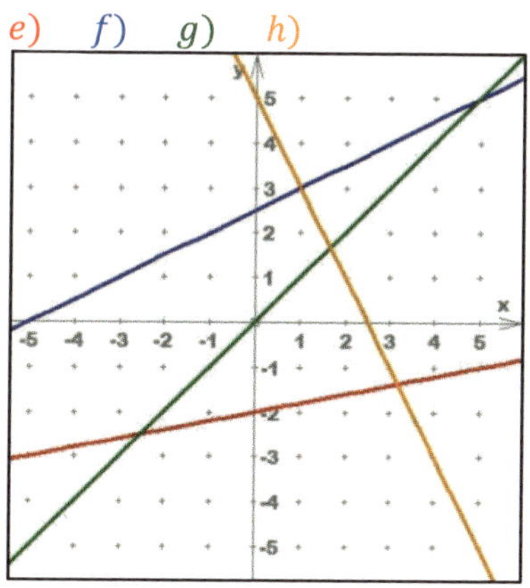

Die Lösungen findest du auf Seite 128.

Steigungsdreieck

Aufgabe 1

Gib die Steigung m der folgenden Funktionen an.

a) $y = 2x - 7$

b) $y = -\frac{1}{2}x + 3$

c) $y = \frac{3}{4}x$

d) $y = 6$

e) $y = -6x + 6$

f) $x = -\frac{1}{4}x - \frac{78}{77}$

Die Lösungen findest du auf Seite 128.

Aufgabe 2

Gib die Steigung m der dargestellten Funktionen an.

a) *b)* *c)* *d)*

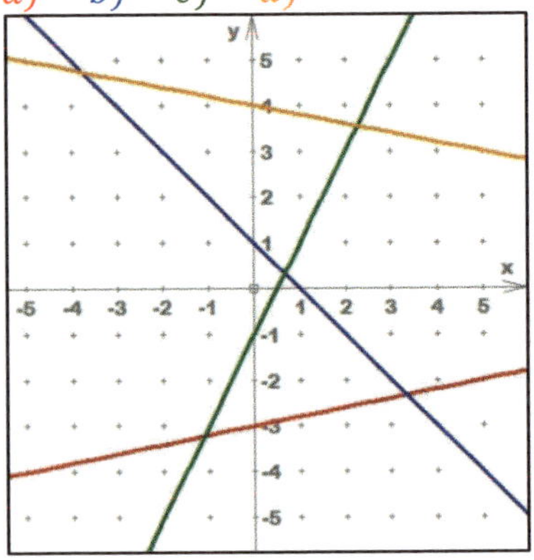

e) *f)* *g)* *h)*

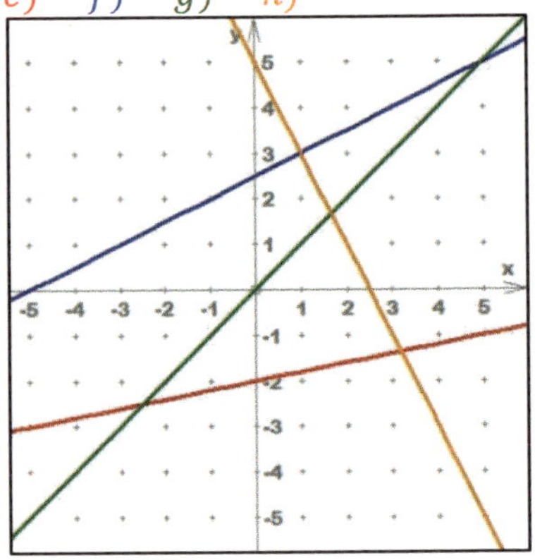

Die Lösungen findest du auf Seite 128.

Aufgabe 3

Zeichne die folgenden Funktionen in ein Koordinatensystem.

a) $y = x - 2$

b) $y = -\frac{1}{3}x + 3$

c) $y = \frac{1}{4}x + 1$

d) $y = -\frac{1}{5}x + 2$

e) $y = 3x - 3$

f) $y = -4x + 3{,}5$

Die Lösungen findest du auf Seite 128.

Wertetabelle

Aufgabe 1

Ergänze die Wertetabellen und zeichne die Punkte und die Funktion in ein Koordinatensystem.

a)

x	$-1{,}5$	-1			$3{,}5$
$y = 2x - 2$			-2	3	

b)

x	-5		$-1{,}5$		$4{,}5$
$y = -\frac{1}{3}x + \frac{4}{5}$		$1{,}8$		$0{,}3$	

c)

x			$-0{,}5$		$2{,}5$
$y = 1{,}5x + \frac{9}{8}$	$-3\frac{3}{8}$	$-\frac{9}{8}$		$4\frac{1}{8}$	

Die Lösungen findest du auf Seite 129.

Funktionsgleichung aus zwei Punkten bestimmen

Aufgabe 1

Bestimme die Funktionsgleichung, dessen Graph durch beide Punkte verläuft und zeichne die Funktion in ein Koordinatensystem.

a) $A_1(2|3)$ $A_2(4|2)$ c) $C_1(-4|5)$ $C_2(0|1)$ e) $E_1(-3|5)$ $E_2(1|-5)$

b) $B_1(-1|-3)$ $B_2(1|1)$ d) $D_1(2|2)$ $D_2(4|2)$ f) $F_1(-5|-4)$ $F_2(5|-1)$

Die Lösungen findest du auf Seite 130.

Schnittpunkt von zwei Geraden

Aufgabe 1

Berechne den Schnittpunkt der beiden Geraden und zeichne sie anschließend in ein Koordinatensystem.

a) $y_1 = -x + 5$
$y_2 = x - 1$

c) $y_1 = 4x + 13$
$y_2 = \frac{1}{3}x + 2$

e) $y_1 = -\frac{4}{7}x + 0{,}5$
$y_2 = \frac{5}{7}x - 4$

b) $y_1 = -\frac{4}{3}x$
$y_2 = -4$

d) $y_1 = -\frac{1}{2}x + 3{,}5$
$y_2 = -x + 5$

f) $y_1 = -\frac{2}{5}x - 3$
$y_2 = -\frac{6}{5}x - 5$

Die Lösungen findest du auf Seite 131.

Nullstellen

Aufgabe 1

Berechne die Nullstellen der Funktionen und zeichne deren Graphen in ein Koordinatensystem.

a) $y = 2x - 1$
b) $y = -\frac{2}{3}x + 3$
c) $y = x + 2$
d) $y = 3x + 9$
e) $y = \frac{5}{2}x - 5$
f) $y = -2x$

Die Lösungen findest du auf Seite 131.

Quadratische Funktionen

Die Scheitelpunktform

Aufgabe 1

Gib den Scheitelpunkt an und bestimme die Funktionsgleichung mit der Scheitelpunktform. Der Öffnungsfaktor a ist stets 1 oder -1.

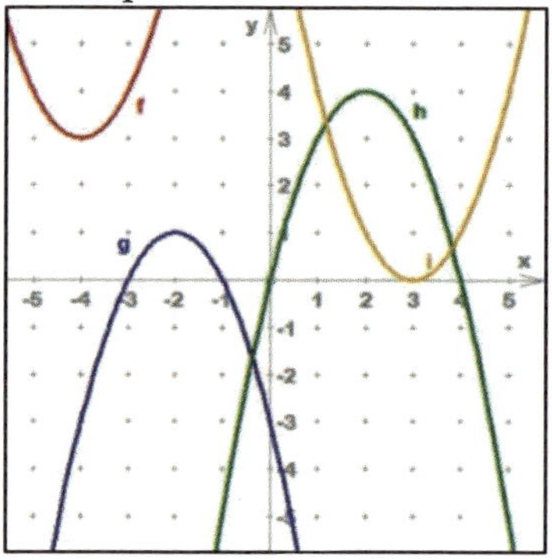

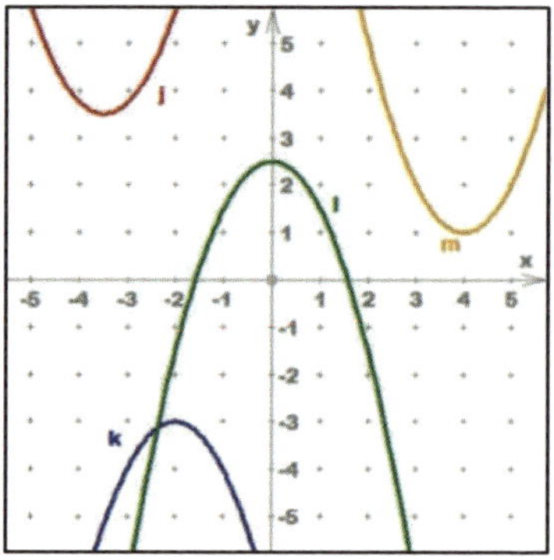

Die Lösungen findest du auf Seite 132.

Quadratische Ergänzung (Normalform → Scheitelpunktform)

Aufgabe 1

Gib den Scheitelpunkt der folgenden Funktionen an. Forme dafür mit Hilfe der quadratischen Ergänzung in die Scheitelpunktform um.

a) $f(x) = x^2 - 8x + 17$
b) $g(x) = -x^2 - 4x - 7$
c) $h(x) = x^2 + 8x + 19$
d) $i(x) = x^2 - 6x + 4$
e) $j(x) = -x^2 - 14x - 59$
f) $k(x) = 3x^2 - 6x + 5$
g) $l(x) = -0{,}5x^2 + 5x - 15{,}5$
h) $m(x) = -\frac{5}{3}x^2 - 2x - \frac{103}{30}$

Die Lösungen findest du auf Seite 132.

Nullstellenform

Aufgabe 1

Gib die Nullstellen der folgenden Funktionen an.

a) $f(x) = (x+3)(x-1)$

b) $g(x) = 0{,}5(x+9)(x-5)$

c) $h(x) = -2(x+7)(x+3)$

d) $i(x) = \frac{1}{3}(x+2)^2$

e) $j(x) = -\frac{2}{3}(x-6)(x+0{,}5)$

f) $k(x) = 2(x+1)(x-1)$

g) $l(x) = 7(x-4)(x-3)$

h) $m(x) = (x-6)^2$

Die Lösungen findest du auf Seite 133.

Aufgabe 2

Gib die Nullstellen der folgenden Funktionen an und bestimme die Funktionsgleichung in der Nullstellenform. Der Öffnungsfaktor ist stets |1|.

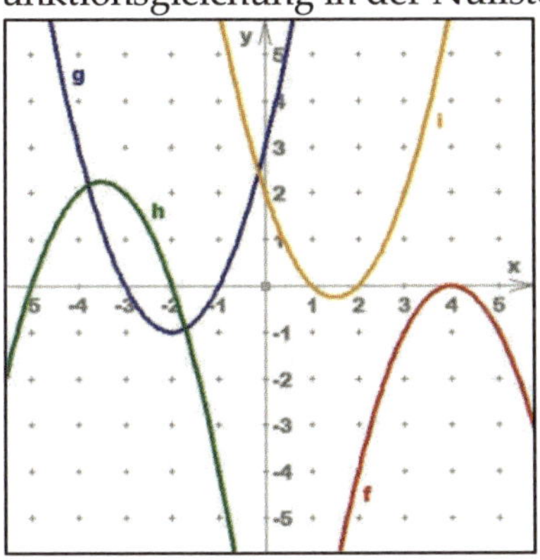

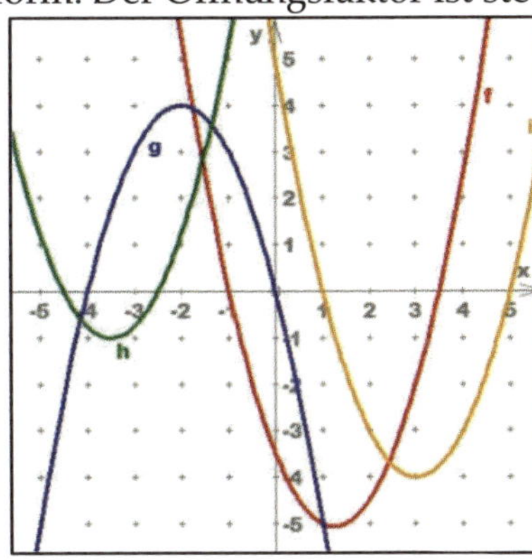

Die Lösungen findest du auf Seite 133.

Von einer Form in die andere umrechnen

Aufgabe 1

Rechne die gegebene Form in die Normalform um.

a) $f(x) = (x-6)^2$

b) $g(x) = 2(x+1)(x-1)$

c) $h(x) = (x+4)^2 + 3$

d) $i(x) = -(x+2)^2 + 1$

e) $j(x) = \frac{2}{3}(x-6)(x+0{,}5)$

f) $k(x) = -(x+2)^2 - 3$

g) $l(x) = -2(x+7)(x+3)$

h) $m(x) = (x-4)^2 + 1$

Die Lösungen findest du auf Seite 133.

Aufgabe 2

Rechne die gegebene Form in die Nullstellenform um.

a) $f(x) = 3x^2 - 3$

b) $g(x) = -(x+4)^2 + 4$

c) $h(x) = 0{,}1x^2 + 0{,}2x - 1{,}5$

d) $i(x) = (x-2)^2 + 1$

e) $j(x) = (x-4)^2 - 1$

f) $k(x) = 0{,}7x^2 - 6x + 7$

g) $l(x) = -\frac{1}{8}x^2 + \frac{3}{16}x - 2$

h) $m(x) = \frac{2}{3}\left(x - \frac{5}{8}\right)^2$

Die Lösungen findest du auf Seite 134.

Lineare Gleichungssysteme (LGS)

2 Gleichungen und 2 Variablen

Aufgabe 1

Löse das LGS mit dem Gleichsetzungsverfahren.

a) $y = -\frac{1}{2}x + 1{,}5$
$y = -x + 3$

b) $y = 4x + 10$
$y = \frac{1}{3}x - 1$

c) $y = -\frac{4}{3}x - 3$
$y = -7$

d) $y = -x + 4$
$y = x - 2$

e) $y = -\frac{4}{7}x + 1{,}5$
$y = \frac{5}{7}x - 3$

f) $y = -\frac{2}{5}x + 3$
$y = \frac{6}{5}x + 1$

Die Lösungen findest du auf Seite 135.

Aufgabe 2

Löse das LGS mit dem Einsetzungsverfahren.

a) $-17 = -x + 2y$
$2y + 18 = 0$

b) $2x = -7 + y$
$y = 9$

c) $1 - 7y = 3x$
$0 = -6y - 3x + 3$

d) $0 = -8 - x$
$0 = 11 - y$

e) $2 = -4y - 4x$
$-21 = 2y$

f) $-21 - 5x = 4y$
$2 - 10x = 12y$

Die Lösungen findest du auf Seite 135.

Aufgabe 3

Löse das LGS mit dem Additions- oder Subtraktionsverfahren.

a) $y = -x + 5$
$y = x - 1$

b) $3 = 2x + 7y$
$7 = 2x - 5y$

c) $5 = 9x - y$
$4 = 3x + 2y$

d) $2 = y - x$
$2 = x - y$

e) $-4 = 2x + 3y$
$1 = -4x - 6y$

f) $-\frac{3}{5} = 13x + \frac{4}{3}y$
$\frac{9}{7} = \frac{12}{5}x - \frac{1}{3}y$

Die Lösungen findest du auf Seite 136.

Aufgabe 4

Familie Meyer ist mit dem aktuellen Stromversorger unzufrieden und möchte wechseln. Es stehen zwei Angebote zur Auswahl. Angebot 1 hat einen monatlichen Grundpreis von 50 € und kostet zusätzlich 0,18 € pro kWh. Angebot 2 hat einen monatlichen Grundpreis von 25 € und kostet zusätzlich 0,22 € pro kWh.

a) Erstelle ein LGS und löse es.

b) Familie Meyer verbraucht 700 kWh im Monat. Welches Angebot ist für sie günstiger?

c) Wie viel wird Familie Meyer mit dem günstigeren Angebot bezahlen?

d) Wie viel Euro wird Familie Meyer pro Monat sparen, weil sie sich für das günstigere Angebot entscheiden wird statt für das teurere?

e) Famile Schwarz verbraucht 550 kWh pro Monat. Welches Angebot ist für sie günstiger.

Die Lösungen findest du ab Seite 137.

Aufgabe 5

Ein Hotel hat insgesamt 366 Betten und 210 Zimmer, wobei es nur Einbett- und Zweibettzimmer gibt. Wie viele Einbettzimmer und wie viele Zweibettzimmer hat das Hotel?

Die Lösung findest du auf Seite 139.

Aufgabe 6

In einem All-you-can-eat-and-drink-Restaurant zahlen Frauen einen Preis in Höhe von 10 € und Männer 3 € mehr als die Frauen. An einem Wochenende hat der Besitzer des Restaurants 7587 € Umsatz mit 690 Kunden gemacht. Wie viele Frauen bzw. wie viele Männer haben an diesem Wochenende in dem Restaurant gegessen?

Die Lösung findest du auf Seite 139.

3 Gleichungen und 3 Variablen

Aufgabe 1

Löse die folgenden LGS.

a)
$$\begin{aligned} -5 &= 4a - 2b + c \\ 3 &= 4a + 2b + c \\ -4{,}5 &= a - b + c \end{aligned}$$

b)
$$\begin{aligned} -\tfrac{3}{4} &= \tfrac{1}{4}a - \tfrac{1}{2}b + c \\ -1 &= a + b + c \\ -3 &= a - b + c \end{aligned}$$

c)
$$\begin{aligned} 6 &= 6{,}25a + 2{,}5b + c \\ -5 &= 9a - 3b + c \\ 21 &= 25a - 5b + c \end{aligned}$$

d)
$$\begin{aligned} 17{,}6 &= 16a + 4b + c \\ 26 &= 49a + 7b + c \\ 14 &= 484a + 22b + c \end{aligned}$$

e)
$$\begin{aligned} -\tfrac{64}{3} &= 64a - 8b + c \\ -12 &= 36a - 6b + c \\ -12 &= 36a + 6b + c \end{aligned}$$

f)
$$\begin{aligned} -\tfrac{71}{4} &= 81a - 9b + c \\ -1{,}26 &= 1{,}44a + 1{,}2b + c \\ -\tfrac{173}{6} &= 100a + 10b + c \end{aligned}$$

Die Lösungen findest du auf Seite 140.

Potenzen und Wurzeln

Potenzgesetze

Aufgabe 1

Vereinfache so weit wie möglich (ohne Taschenrechner).

a) $x^5 \cdot x^9$
b) $\frac{a^7}{a^5}$
c) $(x^4)^5$
d) $3^5 \cdot 5^5$
e) $\frac{6^3}{2^3}$
f) $x^2 \cdot x^2$
g) $2^3 \cdot 3^3$
h) $(2^2)^3$
i) $a^3 \cdot a^7$

Die Lösungen findest du auf Seite 141.

Aufgabe 2

Vereinfache so weit wie möglich (ohne Taschenrechner).

a) $(x^{4-a})^{4+a}$
b) $\frac{x^{-7}}{x^5}$
c) $a^{3x-4y} \cdot a^{-2x+4y}$
d) $(-0{,}5)^7 \cdot 2^7$
e) $(pq^2)^3$
f) $\left(\frac{3}{x^2}\right)^3$
g) $t^{5a-7} \cdot t^5$
h) $(a^{xy})^{3x}$
i) $\frac{15(a+b)^6}{3(a+b)^3}$

Die Lösungen findest du auf Seite 142.

Wurzelgesetze

Aufgabe 1

Vereinfache soweit wie möglich.

a) $\sqrt[3]{x} \cdot \sqrt[3]{y}$
b) $\frac{\sqrt[4]{a}}{\sqrt[4]{b}}$
c) $\left(\sqrt[3]{3}\right)^3$
d) $\sqrt[3]{\sqrt[4]{x}}$
e) $\left(\sqrt{2}\right)^4$
f) $\sqrt[4]{2} \cdot \sqrt[4]{32}$
g) $\frac{\sqrt{27}}{\sqrt{3}}$
h) $\sqrt[2]{x}$
i) $\sqrt[3]{\sqrt[12]{p}}$

Die Lösungen findest du auf Seite 142.

Aufgabe 2

Vereinfache soweit wie möglich.

a) $\sqrt[x]{\sqrt[x]{y}}$
b) $\left(\sqrt[6]{5}\right)^t$
c) $\sqrt{8} \cdot \sqrt{18}$
d) $\frac{\sqrt{20}}{\sqrt{5}}$
e) $\sqrt[3]{a+b} \cdot \sqrt[3]{a-b}$
f) $\sqrt[3]{\sqrt[x]{5}}$
g) $\sqrt{2x} \cdot \sqrt{8x}$
h) $\frac{\sqrt{72a^3}}{\sqrt{8a}}$
i) $\sqrt[-x]{\sqrt[x]{7}}$

Die Lösungen findest du auf Seite 143.

Teilweises Wurzelziehen

Aufgabe 1

Vereinfache soweit wie möglich.

a) $\sqrt{8}$
b) $\sqrt{32}$
c) $\sqrt{50}$
d) $\sqrt{16x}$
e) $\sqrt{5y^2}$
f) $\sqrt{72a^2}$
g) $\sqrt{x^3}$
h) $\sqrt{27}$
i) $\sqrt{48x^4}$

Die Lösungen findest du auf Seite 143.

Aufgabe 2

Vereinfache soweit wie möglich.

a) $\sqrt{160}$
b) $\sqrt{63}$
c) $\sqrt{20}$
d) $\sqrt{1000}$
e) $\sqrt{xy^2}$
f) $\sqrt{52a^2}$
g) $\sqrt{4x^4y^2}$
h) $\sqrt{175a^6b^2}$
i) $\sqrt{300x^2y^4}$

Die Lösungen findest du auf Seite 144.

Wurzelgleichungen

Aufgabe 1

Löse die Gleichungen.

a) $1 = 2 - \sqrt{x}$
b) $\sqrt{x} + 5 = 9$
c) $15 = \sqrt{x} + 11$
d) $\sqrt{x+2} = 7$
e) $\sqrt{x-3} - 3 = 12x$
f) $\sqrt{x^2 - 6x + 9} = x + 3$
g) $7x - 8 = \sqrt{9}$
h) $\sqrt{2x-1} = 2x - 1$

Die Lösungen findest du auf Seite 144.

Exponenten und Logarithmus

Exponentialgleichungen

Aufgabe 1

Löse die Gleichungen.

a) $2^x = 8$
b) $3^x = 81$
c) $0{,}5^x = 0{,}5$
d) $5^x = 125$
e) $1{,}5^x = \frac{27}{8}$
f) $4^x = 256$
g) $2{,}5^x = \frac{25}{4}$
h) $10^x = 10000$
i) $10000^x = 10$

Die Lösungen findest du auf Seite 145.

Aufgabe 2

Löse die Gleichungen.

a) $3^x - 243 = 0$
b) $4 \cdot 6^x - 854 = 10$
c) $100 \cdot 1{,}1^x = 200$
d) $694 = 5000 \cdot 0{,}95^x$
e) $9 = 18 \cdot 0{,}7^x$
f) $16 = 4 \cdot 1{,}15^x$
g) $25 = 20 \cdot 1{,}5^x + 5$
h) $5{,}3 = 3{,}5 \cdot 1{,}4^x$
i) $32 = 8^x$

Die Lösungen findest du auf Seite 145.

Aufgabe 3

Du gehst zur Bank und legst 1.000 € zu einem Zinssatz von 1,5 % an.

a) Wie lautet die Funktionsgleichung zu diesem Problem?

b) Wie viel Geld hast du nach 1, 3, 5 und 10 Jahren?

c) Nach wie viel Jahren hat sich deine Investition verdoppelt?

d) Nach wie viel Jahren hat sich deine Investition vervierfacht?

e) Welchen Zinsatz müsstest du bekommen, um dein Geld innerhalb von 1, 2 oder 5 Jahren zu verdoppeln?

Die Lösungen findest du auf Seite 146.

Aufgabe 4

Ein Forscher beobachtet in einem Labor eine Bakterienkultur. Am Anfang seines Experiments sind 2,3 Millionen Bakterien vorhanden. Eine Stunde später sind es 2,5 Millionen. Wie viele Bakterien sind 6 Stunden nach Beginn vorhanden?

Die Lösungen findest du auf Seite 147.

Aufgabe 5

Irgendeine Tierart ist vor dem Aussterben bedroht, weil schätzungsweise nur noch 500 Tiere davon leben. Die Population dieser Tierart nimmt pro Monat um 3,5% ab.

a) Wie lautet die allgemeine Funktionsgleichung für dieses Problem? Begründe.

b) Wann sind voraussichtlich nur noch 400, 250 bzw. 100 Tiere vorhanden?

c) Wie viel Tiere waren vor einem Jahr, vor drei Jahren vorhanden?

Die Lösungen findest du auf Seite 148.

Rechenregeln zum Logarithmus

Aufgabe 1

Vereinfache soweit wie möglich.

a) $\log(0)$
b) $\log(1)$
c) $\log_x(x)$
d) $\log(2) + \log(5)$
e) $\log(18) - \log(9)$
f) $\log(x^4)$
g) $\log_2(16)$
h) $\log(x) + \log(7)$
i) $\log(x^2) - \log(x)$

Die Lösungen findest du auf Seite 149.

Aufgabe 2

Vereinfache soweit wie möglich.

a) $\log_3(27)$
b) $\log_5(5)$
c) $\log_{1,7}(1{,}7)$
d) $\log(7 - x) + \log(2)$
e) $\log(a^7)$
f) $\log_9(1)$
g) $\log(a^2 b^4) - \log(a^2)$
h) $\log(25) - \log(5)$
i) $\log_{99}(0)$

Die Lösungen findest du auf Seite 149.

Aufgabe 3

Löse die Gleichungen.

a) $\log_2(x) = 4$	d) $\log_5(x) = 25$	g) $\log_3(x^3) = 9$
b) $\log_3(x) = 5$	e) $\log_7(x) = 49$	h) $\log_6(x^2) = 432$
c) $\log_x(16) = 4$	f) $\log_x(81) = 2$	i) $\log_7(x^3) = 1029$

Die Lösungen findest du auf Seite 150.

mathe-fuer-

LÖSUNGEN

Absolute Basics

Brüche und Dezimalzahlen – eine Welt

Aufgabe 1

a) $6 + \frac{1}{2} = 6\frac{1}{2} = 6{,}5$

b) $6 - \frac{1}{2} = 5\frac{1}{2} = 5{,}5$

c) $1 + \frac{4}{5} = 1\frac{4}{5} = 1{,}8$

d) $1 + \frac{7}{5} = 2\frac{2}{5} = 2{,}4$

e) $0{,}75 + \frac{3}{2} = 2\frac{1}{4} = 2{,}25$

f) $4{,}\overline{6} + \frac{1}{3} = 5$

g) $\frac{7}{8} - 1 = -\frac{1}{8} = -0{,}125$

h) $2\frac{2}{5} + 0{,}5 = 2{,}9 = 2\frac{9}{10}$

i) $9 - \frac{5}{3} = 7\frac{1}{3} = 7{,}\overline{3}$

Zusammenfassen von Termen

Aufgabe 1

a) $2x + 5x = 7x$

b) $y - 8$

c) $-a^2 + 8a + 2$

d) x^2

e) $6x - y$

f) $4p^2q - 4$

g) $2b + 2b^3$

h) $5t - 3a$

i) $x + xy + xyz - z$

Distributivgesetz (=ausmultiplizieren) und ausklammern

Aufgabe 1

a) $2x + 10x$

b) $-xy + 8x - x^2$

c) $a^2 - a$

d) $y + 24x^2 - 21$

e) $\frac{1}{4}x^3 - \frac{1}{4}x^2 - \frac{1}{2}x^3$
$= -\frac{1}{4}x^3 - \frac{1}{4}x^2$

f) $3x - 3y - 7y - 7x$
$= -4x - 10y$

g) $2b^2 - 2b^3 + 3b^3$
$= 2b^2 + b^3$

h) $3q + 12 - pq - 4p$
$= -pq - 4p + 3q + 12$

i) $-1 - 2(a + 9)(9 - a)$
$= -1 - 2(9a - a^2 + 81 - 9a)$
$= -1 - 2(-a^2 + 81)$
$= -1 + 2a^2 - 162$
$= 2a^2 - 163$

Aufgabe 2

a) $4(2x + y)$

b) $5(3a - 2b)$

c) $3t(1 - 3t)$

d) $x(4y + 1)$

e) $2(2a - 4b + 3c)$

f) $p^2(1 - 5p)$

g) $6x(1 - y + x)$

h) $5p(5 + 3q)$

i) $12(3x - 2y)$

ahlen in Variablen einsetzen

Aufgabe 1

a)

x	Lösung
$-2,5$	$-0,5$
$-\frac{1}{2}$	5,5
0	7
$\frac{3}{4}$	9,25
1	10
3	16

b)

x	Lösung
$-2,5$	$2\frac{3}{4}$
$-\frac{1}{2}$	$-\frac{1}{4}$
0	-1
$\frac{3}{4}$	$-2\frac{1}{8}$
1	$-2,5$
3	$-5,5$

c)

x	Lösung
$-2,5$	$-1,075$
$-\frac{1}{2}$	0,425
0	0,8
$\frac{3}{4}$	1,362
1	1,55
3	3,05

Basics

Lineare Gleichungen

Aufgabe 1

a) $x = -7$
b) $x = \frac{2}{7}$
c) $x = 7$
d) *keine Lösung*
e) $x = 0$
f) $x = \frac{72}{25}$
g) $x = 0$
h) *unendlich viele Lösungen*
i) $x = \frac{50}{3}$

Aufgabe 2

a) $x = 10$
b) $x = 21$
c) $x = 1,5$
d) $x = \frac{1}{2}$
e) $x = 0$
f) $x = 0$
g) $x = 8,75$
h) $x = -\frac{17}{20}$
i) $x = 1$

Quadratische Gleichungen

Aufgabe 1

a) $x_{1/2} = -1$
b) $x_{1/2} = 1$
c) $x_1 = 2 \quad x_2 = -1$
d) $x_{1/2} = -2$
e) $x_1 = 2 \quad x_2 = -5$
f) $x_1 = 1 \quad x_2 = -4$
g) $x_1 = 6 \quad x_2 = 0,5$
h) $x_1 = 2 \quad x_2 = -6$
i) $x_1 = 3 \quad x_2 = -3$
j) $x_1 = 7 \quad x_2 = -6$
k) $x_1 \approx 7,89 \quad x_2 \approx -0,89$
l) $x_1 = 0 \quad x_2 = 5$

Aufgabe 2

a) $x_1 = 0 \quad x_2 = 5$
b) $x_1 = 0 \quad x_2 = 4$
c) $x_1 = 0 \quad x_2 = 3$
d) $x_1 = 0 \quad x_2 = -4$
e) $x_1 = 0 \quad x_2 = -0{,}5$
f) $x_1 = 0 \quad x_2 = 0{,}25$

Aufgabe 3

a) $x_{1/2} = \pm 4$
b) $x_{1/2} = \pm 7$
c) $x_{1/2} = \pm 4$
d) $x_{1/2} = \pm 5$
e) $x_{1/2} = \pm 5$
f) $x_{1/2} = \pm 2$

Aufgabe 4

a) $x_1 = 2 \quad x_2 = -4$
b) $x_1 = 5 \quad x_2 = 1$
c) $x_1 = 1 \quad x_2 = 0$
d) $x_{1/2} = \pm 7$
e) $x_1 \approx 1{,}97 \quad x_2 \approx -1{,}31$
f) *keine Lösung*
g) $x_{1/2} \approx \pm 4{,}62$
h) $x_1 = 0 \quad x_2 = 7$

Binomische Formeln

Aufgabe 1

a) $a^2 + 6a + 9$

b) $4x^2 + 16x + 16$

c) $100x^2$

d) $3(a^2 + 14a + 49)$
$= 3a^2 + 42a + 147$

e) $-2(t^2 + 2t + 1)$
$= -2t^2 - 4t - 2$

f) $-(p^4 + 2p^2q + q^2)$
$= -p^4 - 2p^2q - q^2$

g) $(y^2 + 10y + 25)$
$+(y^2 + 24y + 144)$
$= 2y^2 + 34y + 169$

h) $x^2 + 10x + 25$
$-(x^2 + 24x + 144)$
$= -14x - 119$

i) $a^2b^2 + 2ab^2 + b^2$

Aufgabe 2

a) $a^2 - 8a + 16$

b) $9x^2 - 36x + 36$

c) $121x^2 - 22x + 1$

d) $6(b^2 - 12b + 36)$
$= 6b^2 - 72b + 216$

e) $-5(4^2 - 4t + 1)$
$= -20t^2 + 20t - 5$

f) $-(p^4 - 2p^{2q} + q^2)$
$= -p^4 + 2p^{2q} - q^2$

g) $(4y^2 - 20y + 25)$
$+(y^2 - 26y + 169)$
$= 5y^2 - 46y + 194$

h) $(x^2 + 4x + 4)$
$-(x^2 - 16x + 64)$
$= 20x - 60$

i) $a^4b^2 - 6a^2b^2 + 9b^2$

Aufgabe 3

a) $a^2 - 1$

b) $49 - b^2$

c) $4c^2 - 9$

d) $4d(4 - d^2)$
$= 16d - 4d^3$

e) $-p(25 - p^4)$
$= -25p + p^5$

f) $(81x^2 - y^2) \cdot x$
$= 81x^3 - xy^2$

g) $x - 1$

h) $49k^2 - k^6$

i) $-(q^4u^2 - u^2)$
$= -q^4u^2 + u^2$

Aufgabe 4

a) $(x + 1)^2$
b) $(x - 3)^2$
c) $(4 + x)(4 - x)$
d) $(8p^2 + xy)(8p^2 - xy)$
e) $(5u - 7)^2$
f) $(\sqrt{x} + \sqrt{y})(\sqrt{x} - \sqrt{y})$
g) $(4 - p^2)^2$
h) $(6xy^3 + 1)^2$
i) $(2x^2 + x^8)(2x^2 - x^8)$

Ungleichungen

Aufgabe 1

a) $x < -\frac{5}{4}$
b) $x \geq -\frac{13}{3}$
c) $x < -\frac{11}{5}$
d) $x < 0{,}5$
e) $x \geq -\frac{17}{43}$
f) $x < 0$
g) $x < -\frac{4}{3}$
h) $x \leq -\frac{7}{47}$
i) $x < 0{,}5$

Funktionen

Definitions- und Wertemenge bzw. -bereich

Aufgabe 1

a) $\mathbb{D} = \mathbb{R}$, weil alle Zahlen für x eingesetzt werden können.
$\mathbb{W} = \mathbb{R}$, weil alle Zahlen für y rauskommen können.

b) $\mathbb{D} = \mathbb{R}$, weil alle Zahlen für x eingesetzt werden können.
$\mathbb{W} = \mathbb{R}_0^+$, weil nur positive Zahlen y rauskommen inkl. der null. Das liegt daran, dass das x quadriert wird und das Ergebnis des Quadrierens immer positiv ist.

c) $\mathbb{D} = \mathbb{R}$, weil alle Zahlen für x eingesetzt werden können.

$\mathbb{W} = \{y|y \geq 3\}$, weil die Funktion, wie in Aufgabe b), eine nach oben geöffnete Parabel ist, mit dem Unterschied, dass diese um 3 Einheiten nach oben verschoben ist.

d) $\mathbb{D} = \mathbb{R}$, weil alle Zahlen für x eingesetzt werden können.
$\mathbb{W} = \mathbb{R}$, weil alle Zahlen für y rauskommen können.

e) $\mathbb{D} = \mathbb{R}$, weil alle Zahlen für x eingesetzt werden können.
$\mathbb{W} = \mathbb{R}$, weil alle Zahlen für y rauskommen können.

f) $\mathbb{D} = \mathbb{R}$, weil alle Zahlen für x eingesetzt werden können.
$\mathbb{W} = \{y|y \geq -7\}$, weil die Funktion eine nach oben geöffnete Parabel ist, die ihren Scheitelpunkt bei $S(-5|-7)$ hat.

Aufgabe 2

a) $\mathbb{D} = \mathbb{R}\backslash\{0\}$, weil durch die null nicht geteilt werden kann.

b) $\mathbb{D} = \mathbb{R}\backslash\{-3\}$, weil durch die null nicht geteilt werden kann. Wenn eine -3 für x eingesetzt wird, kommt 0 im Nenner raus.

c) $\mathbb{D} = \mathbb{R}_0^+$, weil die Wurzel nur aus positiven Zahlen und der null gezogen werden kann.

d) $\mathbb{D} = \{x|x > 5\}$, weil die Wurzel nur aus positiven Zahlen und der null gezogen werden kann. Wenn Zahlen für x eingesetzt werden, die kleiner oder gleich 5 sind, dann würde eine negative Zahl unter der Wurzel herauskommen.

e) $\mathbb{D} = \mathbb{R}\backslash\{75\}$, weil durch die null nicht geteilt werden kann. Wenn eine 75 für x eingesetzt wird, kommt 0 im Nenner raus.

f) $\mathbb{D} = \{x|x > -2\}$, weil die Wurzel nur aus positiven Zahlen und der null gezogen werden kann. Wenn Zahlen für x eingesetzt werden, die kleiner oder gleich -2 sind, dann würde eine negative Zahl unter der Wurzel herauskommen.

Lineare Funktionen: $y = mx + b$

y-Achsenabschnitt

Aufgabe 1

Einfach für x die null einsetzen und ausrechnen.

a) $y = -7$
b) $y = +3$
c) $y = 0$
d) $y = 6$
e) $y = 6$
f) $x = -\frac{78}{77}$

Aufgabe 2

a) $b = -3$
b) $b = 1$
c) $b = -1$
d) $b = 4$
e) $b = -2$
f) $b = 2{,}5$
g) $b = 0$
h) $b = 5$

Steigungsdreieck

Aufgabe 1

a) $m = 2$
b) $m = -0{,}5$
c) $m = \frac{3}{4}$
d) $m = 0$
e) $m = -6$
f) $m = -\frac{1}{4}$

Aufgabe 2

a) $m = \frac{1}{5}$
b) $m = -\frac{1}{1} = -1$
c) $m = \frac{2}{1} = 2$
d) $m = -\frac{1}{5}$
e) $m = \frac{1}{5}$
f) $m = \frac{1}{2}$
g) $m = 1$
h) $m = -2$

Aufgabe 3

a) *b)* *c)*

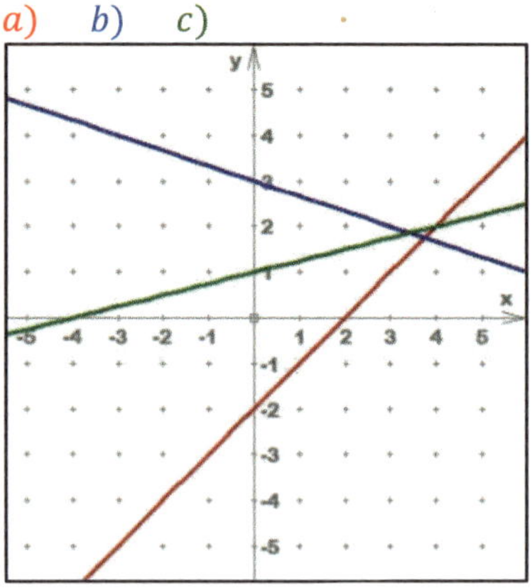

e) *f)* *g)*

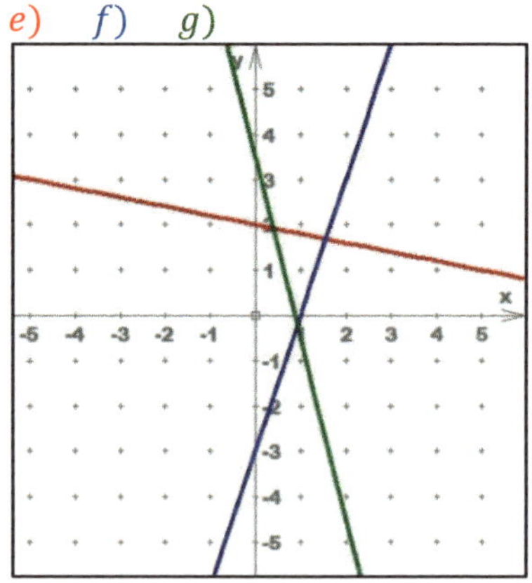

Wertetabelle

Aufgabe 1

a) Den gegebenen Wert für x bzw. y einsetzen und die Gleichung lösen.

x	$y = 2x - 2$
$-1,5$	-5
-1	-4
0	-2
$2,5$	3
$3,5$	5

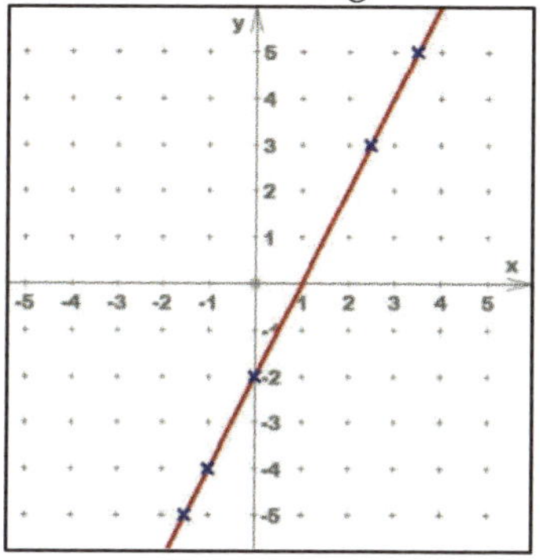

b)

x	$y = -\frac{1}{3}x + \frac{4}{5}$
-5	$\frac{37}{15}$
-3	$1,8$
$-1,5$	$1,3$
$1,5$	$0,3$
$4,5$	$-0,7$

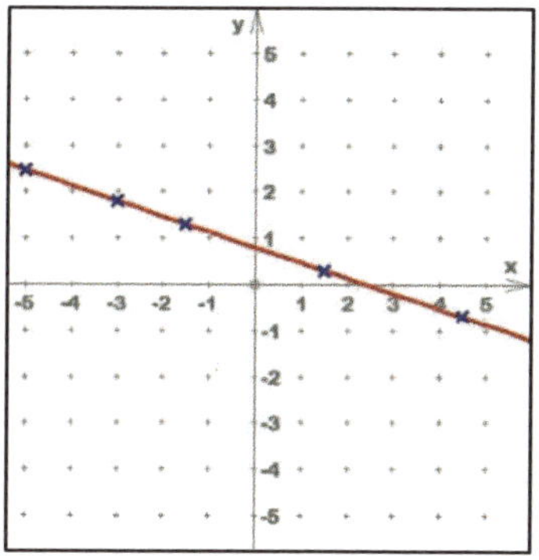

c)

x	$y = 1,5x + \frac{9}{8}$
-3	$-3\frac{3}{8}$
$-1,5$	$-\frac{9}{8}$
$-0,5$	$\frac{3}{8}$
2	$4\frac{1}{8}$
$\frac{5}{2}$	$4\frac{7}{8}$

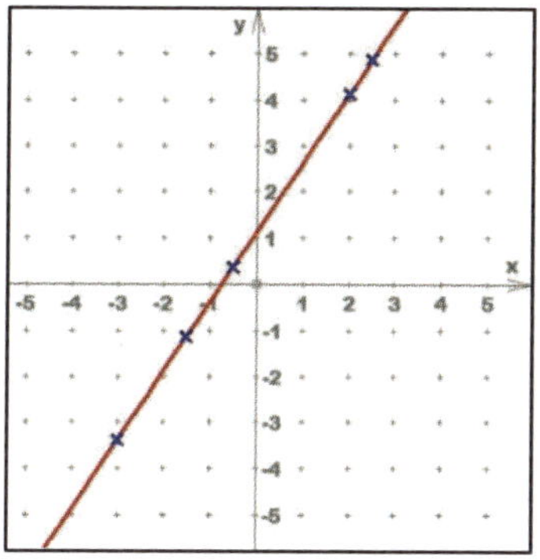

Funktionsgleichung aus zwei Punkten bestimmen

Aufgabe 1

a) Zuerst die Steigung m berechnen.

$m = \frac{y_2 - y_1}{x_2 - x_1}$

$m = \frac{2-3}{4-2}$

$m = -\frac{1}{2}$

Als nächstes das m in die Ausgangsgleichung einsetzen und einen der beiden Punkte und nach b auflösen.

$y = -\frac{1}{2}x + b \qquad | \ P(2|3)$

$3 = -\frac{1}{2} \cdot 2 + b$

$3 = -1 + b \qquad | +1$

$4 = b$

Fertig, nur noch m und b in die Funktionsgleichung einsetzen.

$y = -\frac{1}{2}x + 4$

a) $y = -\frac{1}{2}x + 4$ c) $y = -x + 1$ e) $y = -\frac{5}{2}x - \frac{5}{2}$

b) $y = 2x - 1$ d) $y = 2$ f) $y = \frac{3}{10}x - 2{,}5$

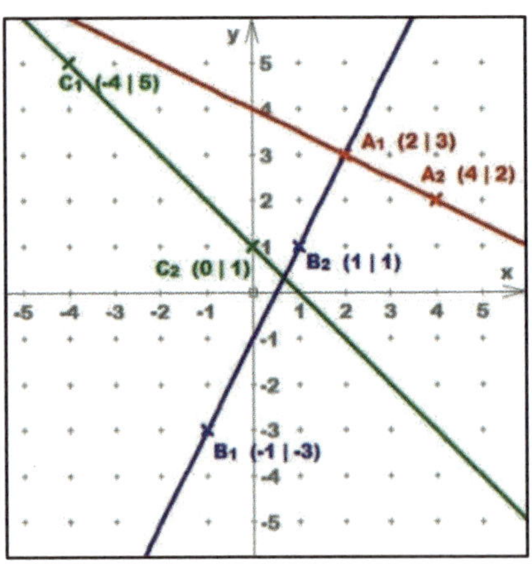

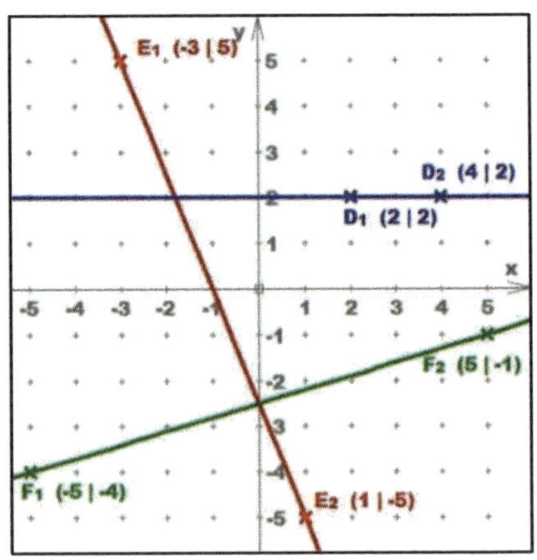

Schnittpunkt von zwei Geraden

Aufgabe 1

Funktionsterme gleichsetzen und nach x auflösen. Dann das x in eine der beiden Ausgangsgleichungen einsetzen und y berechnen.

a) $-x+5=x-1 \qquad |+x \quad |+1$

$6=2x \qquad |:2$

$3=x$

$y=x-1 \qquad |x=3$

$y=2$

→Schnittpunkt liegt bei $P(3|2)$.

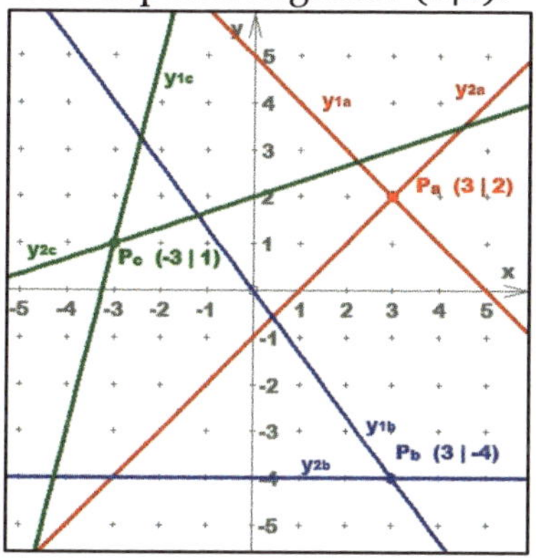

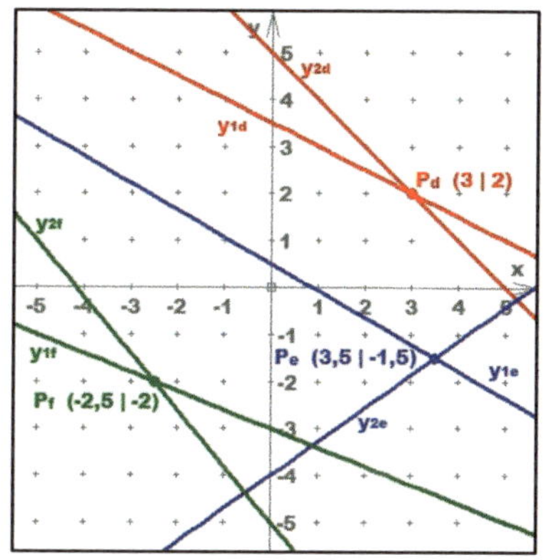

Nullstellen

Aufgabe 1

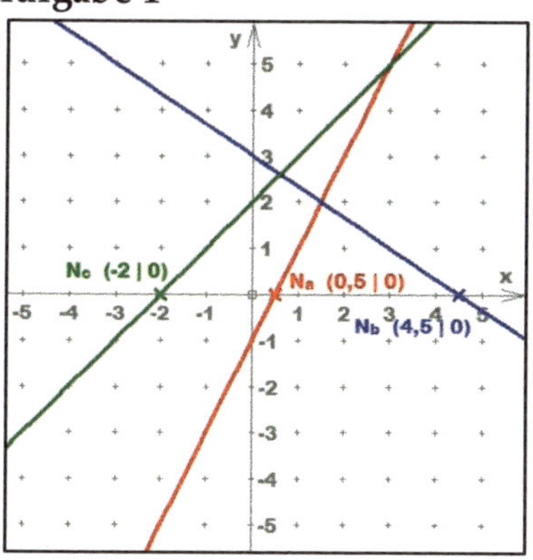

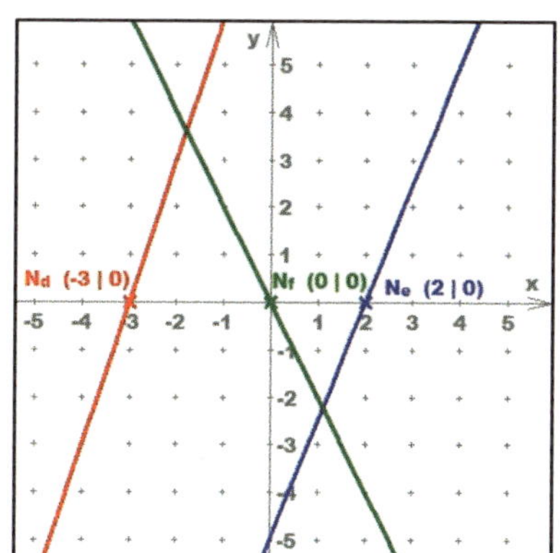

Quadratische Funktionen

Die Scheitelpunktform

Aufgabe 1

$f(x) = (x+4)^2 + 3$	$S_f(-4\|3)$	$j(x) = (x+3{,}5)^2 + 3{,}5$	$S_j(-3{,}5\|3{,}5)$
$g(x) = -(x+2)^2 + 1$	$S_g(-2\|1)$	$k(x) = -(x+2)^2 - 3$	$S_k(-2\| - 3)$
$h(x) = -(x-2)^2 + 4$	$S_h(2\|4)$	$l(x) = -x^2 + 2{,}5$	$S_l(0\|2{,}5)$
$i(x) = (x-3)^2$	$S_h(3\|0)$	$m(x) = (x-4)^2 + 1$	$S_m(4\|1)$

Quadratische Ergänzung (Normalform → Scheitelpunktform)

Aufgabe 1

Anstatt nur die Lösungen hinzuschreiben, rechne ich dir hier 2 Aufgaben vor.

a) $f(x) = x^2 - 8x + 17$ | *quadratische Ergänzung*

$f(x) = x^2 - 8x + \left(\frac{8}{2}\right)^2 - \left(\frac{8}{2}\right)^2 + 17$ | *binomische Formel ausnutzen*

$f(x) = (x-4)^2 - \left(\frac{8}{2}\right)^2 + 17$ | *vereinfachen*

$f(x) = (x-4)^2 + 1$

Der Scheitelpunkt liegt bei $S_f(4|1)$.

b) $g(x) = -x^2 - 4x - 7$ | *Koeffizienten ausklammern*

$g(x) = -(x^2 + 4x + 7)$ | *quadratische Ergänzung*

$g(x) = -(x^2 + 4x + \left(\frac{4}{2}\right)^2 - \left(\frac{4}{2}\right)^2 + 7)$ | *binomische Formel ausnutzen*

$g(x) = -((x+2)^2 - \left(\frac{4}{2}\right)^2 + 7)$ | *vereinfachen*

$g(x) = -((x+2)^2 + 3)$ | *ausmultiplizieren*

$g(x) = -(x+2)^2 - 3$

Der Scheitelpunkt liegt bei $S_g(-2|-3)$.

a) $f(x) = (x-4)^2 + 1$
$S_f(4|1)$

b) $g(x) = -(x+2)^2 - 3$
$S_g(-2|-3)$

c) $h(x) = (x+4)^2 + 3$
$S_h(-4|3)$

e) $j(x) = -(x+7)^2 - 10$
$S_j(-7| - 10)$

f) $k(x) = 3(x-1)^2 + 2$
$S_k(1|2)$

g) $l(x) = -0{,}5(x-5)^2 - 3$
$S_l(5|-3)$

d) $i(x) = (x-3)^2 - 5$
$S_i(3|-5)$

h) $m(x) = -\frac{5}{3}\left(x + \frac{3}{5}\right)^2 - \frac{17}{6}$
$S_m\left(-\frac{3}{5}\middle|-\frac{17}{6}\right)$

Nullstellenform

Aufgabe 1

a) $x_1 = -3 \quad x_2 = 1$

b) $x_1 = -9 \quad x_2 = 5$

c) $x_1 = -7 \quad x_2 = -3$

d) $x_{1/2} = -2$ (doppelte Nullstelle)

e) $x_1 = 6 \quad x_2 = -0{,}5$

f) $x_1 = -1 \quad x_2 = 1$

g) $x_1 = 4 \quad x_2 = 3$

h) $x_{1/2} = 6$ (doppelte Nullstelle)

Aufgabe 2

$x_{1/2} = 4$
$f(x) = -(x-4)^2$
$x_1 = -3 \quad x_2 = -1$
$g(x) = (x+1)(x+3)$
$x_1 = -5 \quad x_2 = -2$
$h(x) = -(x+5)(x+2)$
$x_1 = 1 \quad x_2 = 2$
$i(x) = (x-1)(x-2)$

$x_1 = -1 \quad x_2 = 3{,}5$
$f(x) = (x+1)(x-3{,}5)$
$x_1 = -4 \quad x_2 = 0$
$g(x) = -x(x+4)$
$x_1 = -4{,}5 \quad x_2 = -2{,}5$
$h(x) = (x+4{,}5)(x+2{,}5)$
$x_1 = 1 \quad x_2 = 5$
$i(x) = (x-1)(x-5)$

Von einer Form in die andere umrechnen

Aufgabe 1

Um in die Normalform umzuformen, musst du so weit wie möglich vereinfachen.

a) $f(x) = x^2 - 12x + 36$

b) $g(x) = 2x^2 - 2$

c) $h(x) = x^2 + 8x + 19$

d) $i(x) = -x^2 - 4x - 3$

e) $j(x) = \frac{2}{3}x^2 - \frac{11}{3}x - 2$

f) $k(x) = -x^2 - 4x - 7$

g) $l(x) = -2x^2 - 20x - 42$

h) $m(x) = x^2 - 8x + 17$

Aufgabe 2

Erst die Nullstellen berechnen und damit dann die Nullstellenform aufstellen. Vergiss den Öffnungsfaktor nicht!

a) $f(x) = 3x^2 - 3 \qquad |y = 0$

$0 = 3x^2 - 3 \qquad |+3 \quad |:3$

$1 = x^2 \qquad |\sqrt{\ }$

$x_{1/2} = \pm 1$

$f(x) = 3(x+1)(x-1)$

b) $g(x) = -(x+4)^2 + 4 \qquad |\, y = 0$

$0 = -(x+4)^2 + 4 \qquad |\, vereinfachen$

$0 = -(x^2 + 8x + 16) + 4 \qquad |\, Minusklammer$

$0 = -x^2 - 8x - 12 \qquad |\, Mitternachtsformel$

$x_{1/2} = \frac{-b \pm \sqrt{b^2 - 4ac}}{2a} \qquad |\, a = -1; b = -8; c = -12$

$x_{1/2} = \frac{-(-8) \pm \sqrt{8^2 - 4 \cdot (-1) \cdot (-12)}}{2 \cdot (-1)} \qquad |\, vereinfachen$

$x_{1/2} = \frac{8 \pm \sqrt{64 - 48}}{-2} \qquad |\, vereinfachen$

$x_1 = \frac{8+4}{-2} = -6 \qquad x_2 = \frac{8-4}{-2} = -2$

$g(x) = -(x+6)(x+2)$

a) $f(x) = 3(x+1)(x-1)$

b) $g(x) = -(x+6)(x+2)$

c) $h(x) = 0{,}1(x-3)(x+5)$

d) $i(x)$ = keine Nullstellen und somit keine Nullstellenform

e) $j(x) = (x-3)(x-5)$

f) $k(x) = 0{,}7(x - 7{,}178)(x - 1{,}393)$

g) $l(x)$ = keine Nullstellen und somit keine Nullstellenform

h) $m(x) = \frac{2}{3}\left(x - \frac{5}{8}\right)^2$

Lineare Gleichungssysteme (LGS)

2 Gleichungen und 2 Variablen

Aufgabe 1

a) $x = 3 \quad y = 0$
b) $x = -3 \quad y = -2$
c) $x = 3 \quad y = -7$
d) $x = 3 \quad y = 1$
e) $x = 3{,}5 \quad y = -0{,}5$
f) $x = 1{,}25 \quad y = 2{,}5$

Aufgabe 2

a) In der zweiten Gleichung steht nur ein y und kein x. Also würde es keinen Sinn machen, wenn wir die erste Gleichung nach x auflösen würden.

$$\begin{array}{lll} I & -17 = -x + 2y & |+x \quad |:2 \\ II & 2y + 18 = 0 & \end{array}$$

$$\begin{array}{ll} I & \frac{1}{2}x - 8{,}5 = y \\ II & 2y + 18 = 0 \end{array}$$

Nun kann y von der ersten Gleichung in die zweite eingesetzt werden

$$\begin{array}{lll} II & 2y + 18 = 0 & |\, y = \frac{1}{2}x - 8{,}5 \\ & 2\left(\frac{1}{2}x - 8{,}5\right) + 18 = 0 & |\, vereinfachen \\ & x - 17 + 18 = 0 & |-1 \\ & x = -1 & |:4 \end{array}$$

Damit hättest du schon mal x. Das kann nun in die erste Ausgangsgleichung eingesetzt werden.

$$\begin{array}{lll} I & -17 = -x + 2y & |\, x = -1 \\ & -17 = -(-1) + 2y & |-1 \quad |:2 \\ & -9 = y & \end{array}$$

a) $x = -1 \quad y = -9$
b) $x = 1 \quad y = 9$
c) $x = 5 \quad y = -2$
d) $x = -8 \quad y = 11$
e) $x = 10 \quad y = -11{,}5$
f) $x = -13 \quad y = 11$

Aufgabe 3

a)

$I \qquad y = -x + 5$

$II \qquad y = x - 1$

Die Gleichungen können sofort addiert werden, weil $-x$ und $+x$ sich eliminieren werden.

$I + II \quad 2y = 4 \qquad | : 2$

$y = 2$

Und wie immer, kannst du y nun in eine der beiden Ausgangsgleichungen einsetzen.

$II \qquad y = x - 1 \qquad |y = 2$

$2 = x - 1 \qquad | + 1$

$3 = x$

b)

$I \qquad 3 = 2x + 7y$

$II \qquad 7 = 2x - 5y$

Die Gleichungen können sofort subtrahiert werden, weil $2x$ und $2x$ sich eliminieren werden.

$I - II \quad -4 = 12y \qquad | : 12$

$-\frac{1}{3} = y$

Und wie immer, kannst du y nun in eine der beiden Ausgangsgleichungen einsetzen.

$I \qquad 3 = 2x + 7y \qquad |y = -\frac{1}{3}$

$3 = 2x + 7 \cdot \left(-\frac{1}{3}\right) \qquad | \, vereinfachen$

$3 = 2x - \frac{7}{3} \qquad | + \frac{7}{3}$

$\frac{16}{3} = 2x \qquad | : 2$

$\frac{8}{3} = x$

a) $x = 3 \quad y = 2$ c) $x = \frac{2}{3} \quad y = 1$ e) *keine Lösung*

b) $x = \frac{8}{3} \quad y = -\frac{1}{3}$ d) *keine Lösung* f) $x = \frac{159}{791} \quad y = -\frac{9531}{3955}$

Aufgabe 4

Bei Textaufgabe ist es für dich immer wichtig, den Text zu verstehen und daraus ein LGS erstellen zu können.

a)

$$\begin{array}{ll} Angebot\ I & Gesamtkosten = 50 + 0{,}18 \cdot Kilowattstunden \\ Angebot\ II & Gesamtkosten = 25 + 0{,}22 \cdot Kilowattstunden \end{array}$$

Und wie auf Seite 20 erwähnt, bestehen die Variablen in der Mathematik aus nur einem Buchstaben.

$$\begin{array}{ll} I & k = 50 + 0{,}18 \cdot h \\ II & k = 25 + 0{,}22 \cdot h \end{array}$$

Du darfst zum Lösen eines LGS das Verfahren nehmen, das du möchtest. Ich werde hier jetzt das Gleichsetzungsverfahren benutzen, weil beide Gleichungen schon ein k auf der linken Seite stehen haben und somit gleichgesetzt werden können.

$$\begin{array}{lll} I = II & 50 + 0{,}18 \cdot h = 25 + 0{,}22 \cdot h & |-0{,}18h \quad |-25 \\ & 25 = 0{,}04h & |:0{,}04 \\ & 625 = h & \end{array}$$

Und jetzt noch k ausrechnen.

$$\begin{array}{lll} I & k = 50 + 0{,}18 \cdot h & |\, h = 625 \\ & k = 50 + 0{,}18 \cdot 625 & \\ & k = 162{,}5 & \end{array}$$

Die Lösung des LGS lautet $h = 625$ und $k = 162{,}5$. Das bedeutet, dass die beiden Angebote bei einem Verbrauch von 625 kWh genau gleich viel kosten und zwar 162,50 €.

Damit du es dir besser vorstellen kannst, habe ich das Schaubild für dich angefertigt. Die y-Achse sind die Kosten k und die x-Achse gibt die Anzahl der Kilowattstunden h pro Monat an.

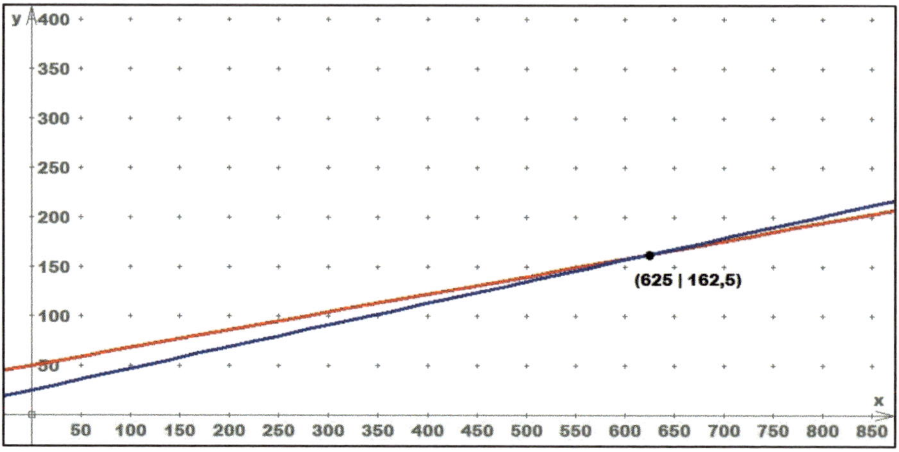

Du siehst, dass du mit dem LGS genau den Schnittpunkt berechnet hast. Dieses Schaubild solltest du dir grob vorstellen können.

b) Angebot 1 ist günstiger, weil ersichtlich ist, dass Angebot 1 vor dem Schnittpunkt teurer ist, weil es einen höheren monatlichen Grundpreis hat.

c)

$$
\begin{aligned}
I \quad & k = 50 + 0{,}18 \cdot h \qquad | \, h = 700 \\
& k = 50 + 0{,}18 \cdot 700 \\
& k = 176
\end{aligned}
$$

A: Familie Meyer wird 176 € bezahlen.

d)

$$
\begin{aligned}
II \quad & k = 25 + 0{,}22 \cdot h \qquad | \, h = 700 \\
& k = 25 + 0{,}22 \cdot 700 \\
& k = 179
\end{aligned}
$$

Mit dem Angebot 2 würde Familie Meyer 179 € pro Monat zahlen. Sie spart mit dem Angebot 1 somit 179 € - 176 € = 3 €.

e) Da Angebot 2 von 0-625 kWh günstiger ist, ist das Angebot 2 für Familie Schwarz günstiger.

Aufgabe 5

Bei so einer Aufgabe ist es am Anfang äußerst wichtig, dass du schaust, was genau gesucht ist und dementsprechend deine beiden Variablen definierst. In der Aufgabenstellung wird nach der Anzahl der Einbettzimmer bzw. Anzahl der Zweibettzimmer gefragt. Deswegen solltest du damit anfangen und deine Variablen definieren:

x: *Anzahl der Einbettzimmer*; y: *Anzahl der Zweibettzimmer*

Als nächstes kannst du die Gleichungen aufstellen.

$I \quad 366 = x + 2y$

$II \quad 210 = x + y$

Die erste Gleichung ergibt sich daraus, dass es insgesamt 366 Betten gibt. In jedem Einbettzimmer steht genau ein Bett (deswegen nur x) und in jedem Zweibettzimmer stehen zwei Betten (deswegen $2y$).

Weiter heißt es in der Aufgabenstellung, dass es insgesamt 210 Zimmer gibt, also die Summe aus der Anzahl der Einbettzimmer und der Anzahl der Zweibettzimmer. Und schon hast du dein LGS, das du ganz einfach lösen kannst. (Den Lösungsweg schreibe ich jetzt nicht hin.)

A: Das Hotel hat 54 Einbettzimmer und 156 Zweibettzimmer.

Aufgabe 6

x: *Anzahl der Frauen* y: *Anzahl der Männer*

Die Männer zahlen 3 € mehr als die Frauen, also 10 € + 3 € = 13 €.

$I \quad 7587 = 10x + 13y$

$II \quad 690 = x + y$

(Den Lösungsweg schreibe ich jetzt nicht hin.)

A: Es haben 461 Frauen und 229 Männer an diesem Wochenende in dem Restaurant gegessen.

3 Gleichungen und 3 Variablen

Aufgabe 1

a)

$$\begin{array}{ll} I & -5 = 4a - 2b + c \\ II & 3 = 4a + 2b + c \\ III & -4{,}5 = a - b + c \end{array}$$

Gleichung I und II kann addiert werden, weil damit b eliminiert wird.

$$I + II \quad -2 = 8a + 2c$$

Nun muss mit zwei anderen Gleichungen wieder b eliminiert werden. Weil b in Gleichung III negativ ist, nehme ich als weitere Gleichung die II. Also multipliziere ich die Gleichung III mit 2, damit da $-2b$ steht.

$$III \cdot 2 \quad -9 = 2a - 2b + 2c$$

Jetzt können die Gleichungen II und III addiert werden. Zur besseren Übersicht, schreibe ich vorher beide nochmal hin.

$$\begin{array}{ll} II & 3 = 4a + 2b + c \\ III & -9 = 2a - 2b + 2c \\ \hline II + III & -6 = 6a + 3c \end{array}$$

Damit haben wir nun zwei Gleichungen mit zwei Variablen (a und c), welche als nächstes gelöst werden können. Zur besseren Übersicht, schreibe ich vorher beide nochmal hin.

$$\begin{array}{ll} I + II & -2 = 8a + 2c \\ II + III & -6 = 6a + 3c \end{array}$$

Weil beim c die kleineren Zahlen stehen, will ich als nächstes das c eliminieren. Dafür benötige ich (wie beim Erweitern eines Bruchs) das kleinste gemeinsame Vielfache (kgV) von 2 und 3. Das ist 6. Somit multipliziere ich die Gleichung $I + II$ mit 3 und die Gleichung $II + III$ mit 2.

$$\begin{array}{ll} (I + II) \cdot 3 & -6 = 24a + 6c \\ (II + III) \cdot 2 & -12 = 12a + 6c \end{array}$$

Wie gewollt, steht nun in beiden Gleichungen $6c$. Wir können subtrahieren.

$(I + II) - (II + III) \qquad -6 - (-12) = 24a - 12a + 6c - 6c$

$6 = 12a \qquad | : 12$

$0{,}5 = a$

Super, damit haben wir a. Das können wir nun in $I + II$ oder $II + III$ einsetzen, um c zu berechnen.

$I + II \qquad -2 = 8a + 2c \qquad | a = 0{,}5$

$-2 = 8 \cdot 0{,}5 + 2c$

$-2 = 4 + 2c \qquad | - 4$

$-6 = 2c \qquad | : 2$

$-3 = c$

Optimal, a und c haben wir. Nun können wir die beiden in eine der 3 Ausgangsgleichungen einsetzen und somit b berechnen. Dafür nehme ich die Gleichung III, weil sie die kleinsten Zahlen hat.

$III \qquad -4{,}5 = a - b + c \qquad | a = 0{,}5 \quad | c = -3$

$-4{,}5 = 0{,}5 - b - 3$

$-4{,}5 = -2{,}5 - b \qquad | + 2{,}5$

$-2 = -b \qquad | \cdot (-1)$

$2 = b$

Fertig! $a = 0{,}5 \quad b = 2 \quad c = -3$

a) $a = 0{,}5 \quad b = 2 \quad c = -3$
b) $a = -1 \quad b = -1 \quad c = -1$
c) $a = 2 \quad b = 3 \quad c = -14$
d) $a = -0{,}2 \quad b = 5 \quad c = 0{,}8$
e) $a = -\frac{1}{3} \quad b = 0 \quad c = 0$
f) $a = -\frac{1}{4} \quad b = -\frac{1}{3} \quad c = -\frac{1}{2}$

Potenzen und Wurzeln

Potenzgesetze

Aufgabe 1

a) $x^5 \cdot x^9$
$= x^{5+9}$
$= x^{14}$

d) $3^5 \cdot 5^5$
$= (3 \cdot 5)^5$
$= 15^5$

g) $2^3 \cdot 3^3$
$= (2 \cdot 3)^3$
$= 6^3$
$= 36 \cdot 6$
$= 216$

b) $\frac{a^7}{a^5}$
$= a^{7-5}$
$= a^2$

c) $(x^4)^5$
$= x^{4\cdot5}$
$= x^{20}$

e) $\frac{6^3}{2^3}$
$= \left(\frac{6}{2}\right)^3$
$= 3^3$
$= 27$

f) $x^2 \cdot x^2$
$= x^{2+2}$
$= x^4$

h) $(2^2)^3$
$= 2^{2\cdot3}$
$= 2^6$
$= 64$

i) $a^3 \cdot a^7$
$= a^{3+7}$
$= a^{10}$

Aufgabe 2

a) $(x^{4-a})^{4+a}$
$= x^{(4-a)(4+a)}$
$= x^{16-a^2}$

b) $\frac{x^{-7}}{x^5}$
$= x^{-7-5}$
$= x^{-12}$

c) $a^{3x-4y} \cdot a^{-2x+4y}$
$= a^{3x-4y+(-2x+4y)}$
$= a^x$

d) $(-0{,}5)^7 \cdot 2^7$
$= (-0{,}5 \cdot 2)^7$
$= (-1)^7$
$= -1$

e) $(pq^2)^3$
$= p^3q^6$

f) $\left(\frac{3}{x^2}\right)^3$
$= \frac{3^3}{(x^2)^3}$
$= \frac{27}{x^6}$

g) $t^{5a-7} \cdot t^5$
$= t^{5a-7+5}$
$= t^{5a-2}$

h) $(a^{xy})^{3x}$
$= a^{xy\cdot3x}$
$= a^{3x^2y}$

i) $\frac{15(a+b)^6}{3(a+b)^3}$
$= \frac{15}{3} \cdot \frac{(a+b)^6}{(a+b)^3}$
$= 5 \cdot (a+b)^{6-3}$
$= 5 \cdot (a+b)^3$

Wurzelgesetze

Aufgabe 1

a) $\sqrt[3]{x} \cdot \sqrt[3]{y}$
$= \sqrt[3]{xy}$

b) $\frac{\sqrt[4]{a}}{\sqrt[4]{b}}$
$= \sqrt[4]{\frac{a}{b}}$

c) $\left(\sqrt[3]{3}\right)^3$
$= 3$

d) $\sqrt[3]{\sqrt[4]{x}}$
$= \sqrt[12]{x}$

e) $\left(\sqrt{2}\right)^4$
$= \sqrt{2^4}$
$= \sqrt{16}$
$= 4$

f) $\sqrt[4]{2} \cdot \sqrt[4]{32}$
$= \sqrt[4]{64}$

g) $\frac{\sqrt{27}}{\sqrt{3}}$
$= \sqrt{\frac{27}{3}}$
$= \sqrt{9}$
$= 3$

h) $\sqrt[2]{x}$
$= x^{\frac{1}{2}}$

i) $\sqrt[3]{\sqrt[12]{p}}$
$= \sqrt[36]{p}$

Aufgabe 2

a) $\sqrt[x]{\sqrt[x]{y}}$
$= \sqrt[x\cdot x]{y}$
$= \sqrt[x^2]{y}$

d) $\frac{\sqrt{20}}{\sqrt{5}}$
$= \sqrt{\frac{20}{5}}$
$= \sqrt{4}$
$= 2$

g) $\sqrt{2x} \cdot \sqrt{8x}$
$= \sqrt{2x \cdot 8x}$
$= \sqrt{16x^2}$
$= \sqrt{16} \cdot \sqrt{x^2}$
$= 4x$

b) $\left(\sqrt[6]{5}\right)^t$
$= \sqrt[6]{5^t}$

e) $\sqrt[3]{a+b} \cdot \sqrt[3]{a-b}$
$= \sqrt[3]{(a+b)(a-b)}$
$= \sqrt[3]{a^2-b^2}$

h) $\frac{\sqrt{72a^3}}{\sqrt{8a}}$
$= \sqrt{\frac{72a^3}{8a}}$
$= \sqrt{9a^2}$
$= \sqrt{9} \cdot \sqrt{a^2}$
$= 3a$

c) $\sqrt{8} \cdot \sqrt{18}$
$= \sqrt{144}$
$= 12$

f) $\sqrt[3]{\sqrt[x]{5}}$
$= \sqrt[3x]{5}$

i) $\sqrt[-x]{\sqrt[x]{7}}$
$= \sqrt[-x\cdot x]{7}$
$= \sqrt[-x^2]{7}$

Teilweises Wurzelziehen

Aufgabe 1

a) $\sqrt{8}$
$= \sqrt{2 \cdot 4}$
$= \sqrt{2} \cdot \sqrt{4}$
$= 2 \cdot \sqrt{2}$

d) $\sqrt{16x}$
$= \sqrt{16 \cdot x}$
$= 4\sqrt{x}$

g) $\sqrt{x^3}$
$= \sqrt{x^2 \cdot x}$
$= x\sqrt{x}$

b) $\sqrt{32}$
$= \sqrt{16 \cdot 2}$
$= \sqrt{16} \cdot \sqrt{2}$
$= 4\sqrt{2}$

e) $\sqrt{5y^2}$
$= \sqrt{5} \cdot \sqrt{y^2}$
$= y\sqrt{5}$

h) $\sqrt{27}$
$= \sqrt{9} \cdot \sqrt{3}$
$= 3\sqrt{3}$

c) $\sqrt{50}$
$= \sqrt{25 \cdot 2}$
$= \sqrt{25} \cdot \sqrt{2}$
$= 5\sqrt{2}$

f) $\sqrt{72a^2}$
$= \sqrt{2 \cdot 36 \cdot a^2}$
$= 6a\sqrt{2}$

i) $\sqrt{48x^4}$
$= \sqrt{3 \cdot 16 \cdot x^4}$
$= 4x^2\sqrt{3}$

Aufgabe 2

a) $\sqrt{160}$
$= \sqrt{16} \cdot \sqrt{10}$
$= 4\sqrt{10}$

b) $\sqrt{63}$
$= \sqrt{9} \cdot \sqrt{7}$
$= 3\sqrt{7}$

c) $\sqrt{20}$
$= \sqrt{4} \cdot \sqrt{5}$
$= 2\sqrt{5}$

d) $\sqrt{1000}$
$= \sqrt{100} \cdot \sqrt{10}$
$= 10\sqrt{10}$

e) $\sqrt{xy^2}$
$= \sqrt{x} \cdot \sqrt{y^2}$
$= y\sqrt{x}$

f) $\sqrt{52a^2}$
$= \sqrt{13} \cdot \sqrt{4} \cdot \sqrt{a^2}$
$= 2a\sqrt{13}$

g) $\sqrt{4x^4y^2}$
$= \sqrt{4} \cdot \sqrt{x^4} \cdot \sqrt{y^2}$
$= 2x^2y$

h) $\sqrt{175a^6b^2}$
$= \sqrt{25} \cdot \sqrt{7} \cdot \sqrt{a^6} \cdot \sqrt{b^2}$
$= 5a^3b\sqrt{7}$

i) $\sqrt{300x^2y^4}$
$= \sqrt{100} \cdot \sqrt{3} \cdot \sqrt{x^2} \cdot \sqrt{y^4}$
$= 10xy^2\sqrt{3}$

Wurzelgleichungen

Aufgabe 1

Bei Wurzelgleichungen musst du die Gleichung immer erst so umformen, dass die Wurzel alleine auf einer Seite steht, dann quadrieren (um die Wurzel weg zu bekommen) und dann die Gleichung ganz normal weiter lösen.

a) $1 = 2 - \sqrt{x} \quad | -2 \quad | \cdot (-1)$
$1 = \sqrt{x} \quad | ()^2$
$1 = x$

b) $\sqrt{x} + 5 = 9 \quad | -5$
$\sqrt{x} = 4 \quad | ()^2$
$x = 16$

c) $15 = \sqrt{x} + 11 \quad | -11$
$4 = \sqrt{x} \quad | ()^2$
$x = 16$

d) $\sqrt{x+2} = 7 \quad | ()^2$
$x + 2 = 49 \quad | -2$
$x = 47$

e) $\sqrt{x-3} - 3 = 12x \quad | +3$
$\sqrt{x-3} = 12x + 3 \quad | ()^2$
$x - 3 = 144x^2 + 72x + 9 \;| -x \;| +3$
$0 = 144x^2 + 71x + 12$
keine Lösung

f) $\sqrt{x^2 - 6x + 9} = x + 3 \quad | ()^2$
$x^2 - 6x + 9 = x^2 - 6x + 9$
unendlich viele Lösungen

g) $7x - 8 = \sqrt{9}$
$7x - 8 = 3 \quad | +8 \quad | : 7$
$x = \frac{11}{7}$

h) $\sqrt{2x-1} = 2x - 1 \quad | ()^2$
$2x - 1 = 4x^2 - 4x + 1 \quad | -2x + 1$
$0 = 4x^2 - 6x + 2 \quad |$ *Formel*
$x_1 = 1 \quad x_2 = 0{,}5$

Exponenten und Logarithmus

Exponentialgleichungen

Aufgabe 1

Diese Aufgaben kannst du auch alle im Kopf lösen. Trotzdem habe ich einen sauberen Lösungsweg hingeschrieben.

a) $2^x = 8 \quad |\log_2(8)$
$x = 3$

b) $3^x = 81 \quad |\log_3(81)$
$x = 4$

c) $0{,}5^x = 0{,}5$
$x = 1$

d) $5^x = 125 \quad |\log_5(125)$
$x = 3$

e) $1{,}5^x = \frac{27}{8} \quad |\log_{1,5}\left(\frac{27}{8}\right)$
$x = 3$

f) $4^x = 256 \quad |\log_4(256)$
$x = 4$

g) $2{,}5^x = \frac{25}{4} \,|\log_{2,5}\left(\frac{25}{4}\right)$
$x = 2$

h) $10^x = 10000$
$|\log_{10}(10000)$
$x = 4$

i) $10000^x = 10$
$|\log_{10000}(10)$
$x = 0{,}25$

Aufgabe 2

Merke! Zuerst die Zahl mit dem „hoch x“ auf die eine Seite un den Rest auf die andere Seite bringen und dann den Logarithmus anwenden.

a) $3^x - 243 = 0 \quad |+243$
$3^x = 243 \quad |\log_3(243)$
$x = 5$

b) $4 \cdot 6^x - 854 = 10 \quad |+854$
$4 \cdot 6^x = 864 \quad |:4$
$6^x = 216 \quad |\log_6(216)$
$x = 3$

a) $x = 5$

b) $x = 3$

c) $x = \log_{1,1}(2)$
$x \approx 7{,}273$

d) $x = \log_{0,95}\left(\frac{5000}{694}\right)$
$x \approx 38{,}499$

e) $x = \log_{0,7}(0{,}5)$
$x \approx 1{,}943$

f) $x = \log_{1,15}(4)$
$x \approx 9{,}919$

g) $x = \log_{1,5}(1)$
$x = 0$

h) $x = \log_{1,4}\left(\frac{5{,}3}{3{,}5}\right)$
$x \approx 1{,}233$

i) $x = \log_8(32)$
$x = \frac{5}{3}$

Aufgabe 3

a) $f(x) = 1000 \cdot (1 + 1{,}5\%)^x$
$f(x) = 1000 \cdot 1{,}015^x$

b) Einfach die Jahre für x einsetzen und ausrechnen

x	1	3	5	10
$f(x) = 1000 \cdot 1{,}015^x$	1015	1045,68	1077,28	1160,54

c) $2000 = 1000 \cdot 1{,}015^x \quad | : 1000$
$2 = 1{,}015^x \quad | \log$
$x = \log_{1{,}015}(2)$
$x \approx 46{,}56$

A: Die Investition hat sich nach ca. 46,56 Jahren verdoppelt.

d) $4000 = 1000 \cdot 1{,}015^x \quad | : 1000$
$4 = 1{,}015^x \quad | \log$
$x = \log_{1{,}015}(4)$
$x \approx 93{,}11$

A: Die Investition hat sich nach ca. 93,11 Jahren vervierfacht.

e) Der Zinssatz steht inkl. +1 in der Basis! Verdoppeln innerhalb von…

…einem Jahr	…zwei Jahren	…fünf Jahren
$2000 = 1000 \cdot a^1$ $2 = a$ $p = 2 - 1$ $p = 1 = 100\%$	$2000 = 1000 \cdot a^2$ $2 = a^2$ $a = \sqrt{2} \approx 1{,}414$ $p = 1{,}414 - 1$ $p = 0{,}414 = 41{,}4\%$	$2000 = 1000 \cdot a^5$ $2 = a^5$ $a = \sqrt[5]{2} \approx 1{,}149$ $p = 1{,}149 - 1$ $p = 0{,}149 = 14{,}9\%$

A: Um die Investition innerhalb von einem Jahr / zwei Jahren / 5 Jahren zu verdoppeln, muss der Zinssatz 100% / 41,4% / 14,9% betragen. Um die Investition innerhalb von einem Jahr zu verdoppeln, muss der Zinssatz 100% betragen.

Aufgabe 4

Der Anfangswert steht unmissverständlich im Text: 2,3 Millionen. Wir lassen zum Rechnen mal die Millionen weg und rechnen nur mit 2,3.

Nach einer Stunde sind aus den 2,3 Millionen 2,5 Millionen geworden. Schreiben wir das doch mal in eine Funktionsgleichung.

$$2{,}5 = 2{,}3 \cdot a^1$$

Den Wachstumsfaktor kennen wir noch nicht. Deswegen steht dafür die Variabale a da. Und mit der Gleichung können wir den Wachstumsfaktor direkt berechnen.

$$2{,}5 = 2{,}3 \cdot a^1 \qquad | : 2{,}3$$

$$\frac{25}{23} = a$$

Somit lautet die allgemeine Funktionsgleichung:

$$f(x) = 2{,}3 \cdot \left(\frac{25}{23}\right)^x$$

Um nun die Frage zu beantworten, wie viele Bakterien 6 Stunden nach Beginn vorhanden sind, müssen wir die 6 nur noch für x einsetzen.

$$f(6) = 2{,}3 \cdot \left(\frac{25}{23}\right)^6$$

$$f(6) \approx 3{,}79$$

A: Sechs Stunden nach Beginn sind ca. 3,79 Millionen Bakterien vorhanden.

Aufgabe 5

a) Der Anfangswert ist 500. Der Wachstumsfaktor a berechnet sich wie folgt: $a = 1 - 3{,}5\%$

$a = 1 - 0{,}035$

$a = 0{,}965$

Somit ergbit sich die Funktionsgleichung $f(x) = 500 \cdot 0{,}965^x$, wobei x die Anzahl der Monate angibt.

b)

$400 = 500 \cdot 0{,}965^x$ $\frac{4}{5} = 0{,}965^x$ $x = \log_{0{,}965}\left(\frac{4}{5}\right)$ $x \approx 6{,}26$	$250 = 500 \cdot 0{,}965^x$ $\frac{1}{2} = 0{,}965^x$ $x = \log_{0{,}965}\left(\frac{1}{2}\right)$ $x \approx 19{,}46$	$100 = 500 \cdot 0{,}965^x$ $\frac{1}{5} = 0{,}965^x$ $x = \log_{0{,}965}\left(\frac{1}{5}\right)$ $x \approx 45{,}17$

A: Es sind voraussichtlich nur noch 400 / 250 / 100 Tiere nach ca. 6,26 / 19,46 / 45,17 Monaten vorhanden.

c) Vor einem Jahr bedeutet vor 12 Monaten (x gibt die Zeit in Monaten an!). Das bedeutet, dass für x eine 12 eingesetzt werden muss. Und weil es VOR einem Jahr heißt und nicht IN einem Jahr, müssen wir in die Vergangenheit schauen deswegen noch ein Minus vor die 12 schreiben:

$$f(-12) = 500 \cdot 0{,}965^{-12}$$
$$f(-12) \approx 766{,}73$$

Da es aber schlecht 0,73 Tiere sein können, benötigen wir hier eine natürliche Zahl, also runden wir auf 767.

Und dasselbe gilt für die Berechnung von „vor drei Jahren“:

$$f(-36) = 500 \cdot 0{,}965^{-36}$$

$$f(-36) \approx 1802{,}96$$

A: Vor einem Jahr waren ca. 767 Tiere vorhanden, vor drei Jahren ca. 1803.

Rechenregeln zum Logarithmus

Aufgabe 1

a) $\log(0)$ ist nicht definiert.

b) $\log(1) = 0$

c) $\log_x(x) = 1$

d) $\log(2) + \log(5)$
$= \log(2 \cdot 5)$
$= \log(10)$

e) $\log(18) - \log(9)$
$= \log(18 : 9)$
$= \log(2)$

f) $\log(x^4) = 4 \cdot \log(x)$

g) $\log_2(16)$
$= \frac{\log(16)}{\log(2)}$
$= 4$

h) $\log(x) + \log(7)$
$= \log(x \cdot 7)$
$= \log(7x)$

i) $\log(x^2) - \log(x)$
$= \log(x^2 : x)$
$= \log(x)$

Aufgabe 2

a) $\log_3(27)$
$= \frac{\log(27)}{\log(3)}$
$= 3$

b) $\log_5(5) = 1$

c) $\log_{1,7}(1{,}7) = 1$

d) $\log(7 - x) + \log(2)$
$= \log((7 - x) \cdot 2)$
$= \log(14 - 2x)$

e) $\log(a^7) = 7 \cdot \log(a)$

f) $\log_9(1) = 0$

g) $\log(a^2b^4) - \log(a^2)$
$= \log\left(\frac{a^2b^4}{a^2}\right)$
$= \log(b^4)$

h) $\log(25) - \log(5)$
$= \log\left(\frac{25}{5}\right)$
$= \log(5)$

i) $\log_{99}(0)$ ist nicht definiert

Aufgabe 3

a) $\log_2(x) = 4$
$2^4 = x$
$16 = x$

d) $\log_5(x) = 25$
$5^{25} = x$
$2{,}98 \cdot 10^{17} \approx x$

g) $\log_3(x^3) = 9$
$3 \cdot \log_3(x) = 9 \quad |:3$
$\log_3(x) = 3$
$3^3 = x$
$x = 27$

b) $\log_3(x) = 5$
$3^5 = x$
$243 = x$

e) $\log_7(x) = 49$
$7^{49} = x$
$2{,}57 \cdot 10^{41} \approx x$

h) $\log_6(x^2) = 6$
$2 \cdot \log_6(x) = 6 \quad |:2$
$\log_6(x) = 3$
$6^3 = x$
$216 = x$

c) $\log_x(16) = 4$
$x^4 = 16 \quad | \sqrt[4]{}$
$x = 2$

f) $\log_x(81) = 2$
$x^2 = 81 \quad | \sqrt{}$
$x = 9$

i) $\log_7(x^3) = 12$
$3 \cdot \log_7(x) = 12 \quad |:3$
$\log_7(x) = 4$
$7^4 = x$
$2401 = x$

NACHWORT

Ich hoffe, du findest dieses Buch lustig erklärt und konntest alles verstehen, was ich dir beibringen wollte ☺. Mein Ziel war es immer, die Mathematik nicht so stocksteif rüber zu bringen, wie es in vielen anderen Büchern leider oft der Fall ist.

Dieses Buch soll dir die Grundlagen vermitteln und hoffentlich gelingt es dir dadurch auch schwierigere Beispiele zu lösen. Wenn es mir gelungen ist, dein Verständnis der Mathematik zu verbessern, würde ich mich sehr darüber freuen, wenn du das Buch deinen Freunden weiterempfiehlst.

Über Feedback freue ich mich jederzeit. Du kannst mich am besten per E-Mail an dario@mathe-fuer-antimathematiker.de kontaktieren.

Für die weitere Zeit in der Schule wünsche ich dir alles Gute und viel Erfolg!

Liebe Grüße,

Dario Bednarski

Dario Bednarski

STICHWORTVERZEICHNIS